OASIS ET SOUDAN

LA

PÉNÉTRATION DU SOUDAN

Considérée dans ses Rapports avec la Création

DE

GRANDES OASIS SAHARIENNES

MÉMOIRE A L'APPUI

PAR

ALPH. BEAU DE ROCHAS

Ingénieur

PARIS

LIBRAIRIE FISCHBACHER

33, rue de Seine, 33

1888

OASIS ET SOUDAN

LA

PÉNÉTRATION DU SOUDAN

Considérée dans ses Rapports avec la Création

DE

GRANDES OASIS SAHARIENNES

MÉMOIRE A L'APPUI

PAR

ALPH. BEAU DE ROCHAS

Ingénieur

PARIS

LIBRAIRIE FISCHBACHER

33, rue de Seine, 33

1888

AVANT-PROPOS

Se rappelle-t-on le bruit qui s'est fait autour de la « Commission supérieure », instituée il y a une dizaine d'années, au Ministère des Travaux publics, « pour l'étude des questions relatives à la mise en communication, par voie ferrée, de l'Algérie et du Sénégal avec le Soudan » ?

A la suite du regrettable désastre de la mission du colonel Flatters, on n'en a plus entendu parler.

Cependant la question n'eut pas eu un si grand retentissement, si elle eut été purement chimérique, si un réel et profond intérêt n'y était attaché. Le silence s'est fait sur elle ; mais le Soudan, « la terre bénie de Dieu », disent les Arabes, « les Indes Françaises », dit M. Duponchel, est toujours là..., à portée de rail. C'est donc le laminoir qui manque ? Et comment se le procurer ?

Puisque laminoir il y a, on peut de suite remarquer qu'un laminoir ne se fait pas tout seul, qu'il faut une forge pour qu'il y puisse fonctionner et produire des rails. Sous cette forme, on peut apercevoir que la pénétration du Soudan n'est pas de l'ordre des questions directement abordables. C'est une question de second degré, dont le premier est la génération préalable de ressources effectives, dans de telles conditions et d'un tel ordre de grandeur, qu'il y ait ensuite intérêt, en même temps que capacité matérielle, de passer à la réalisation du second.

Le problème, ainsi posé, n'était peut-être pas d'apparence moins insoluble. Mais, si ce n'est pas tout, c'était beaucoup déjà qu'il fut posé dans ses véritables termes, d'assigner les conditions réelles auxquelles sa solution devait plus ou moins complètement satisfaire, pour être plus ou moins praticable, et tout pouvait dépendre d'une heureuse solution du premier degré.

Les recherches de l'Auteur l'ont conduit à estimer que ce premier degré consisterait le mieux, et même uniquement, dans la création de grandes et nouvelles Oasis Sahariennes, dont il a constaté la possibilité, précisément dans la direction déterminée par la Commission, pour la mission Flatters.

La création d'Oasis, à la condition d'avoir de l'eau, est une opération d'une mise en train relativement facile et fort productive par elle-même. Mais c'est aussi une opération limitée à la quantité d'eau dont il est possible de disposer.

La pénétration du Soudan comporte, comme opération productive, un ordre de richesses incomparablement plus grand et relativement indéfini. Mais elle est paralysée par l'énormité des insuffisances qu'entraînerait la traversée du désert, et des avances à faire d'autre part, avant que ne commencent à se produire les éléments d'un transit assez rémunérateur. Il y faut l'application de ressources préalablement engendrées par la création d'Oasis.

Par le fait, cette création entraînerait pour son

compte celle d'un millier de kilomètres de voies ferrées, pouvant également former la première étape de la pénétration du Soudan, qui, circonstance des plus heureuse, serait ainsi tout engrenée.

Cela achève de mettre en évidence que si jamais cette pénétration se réalise, elle le devra au succès de la création d'Oasis, comme première phase d'opérations s'enchaînant naturellement entre elles.

C'est donc de cette première phase et de ses conditions particulières, qu'il convient de se préoccuper d'abord, et c'est à quoi se borne spécialement l'objet du présent opuscule.

PREMIÈRE PARTIE

APERÇU TECHNIQUE

CONCERNANT LA CRÉATION DE GRANDES OASIS SAHARIENNES

QUESTION DE L'EAU

Les eaux pluviales qui s'écoulent des versants méridionaux de l'Atlas, depuis Laghouat jusqu'à Négrine, se rendent dans un estuaire ou récipient commun qui est le chott Melrir. Ces versants se partagent en plusieurs bassins dont les principaux sont ceux de l'Oued Djedi, de l'Oued Biskra, de l'Oued El Abiod, de l'Oued El Arab, etc.

Les observations pluviométriques, régulièrement enregistrées depuis une douzaine d'années par le Service météorologique algérien et comprenant divers points de ces bassins, permettent de se faire une idée de la quantité moyenne de pluie qu'ils reçoivent. Cette recherche est facilitée par une carte des pluies d'Algérie récemment dressée par ce Service et indiquant les moyennes déduites de dix années d'observations, de 1877 à 1886.

Cette carte donne les courbes d'égale pluie de 100 en 100mm par interpolation entre les moyennes de chaque point d'observation; mais dans les zones ainsi obtenues elle ne donne pas la quantité de pluie qui tombe sur les sommets élevés, laquelle est croissante avec l'altitude, ni la quantité de neige qui y persiste en moyenne deux à trois mois chaque hiver et dont la fonte, le plus souvent subite, donne lieu à de fortes crues *sans pluie*. De sorte que, pour estimer la quantité d'eau qui peut réellement s'en écouler, il faut, lorsqu'il y a lieu, avoir égard dans chaque zone à la présence de sommets plus ou moins élevés.

BASSIN DE L'OUED DJEDI

Pour le bassin de l'Oued Djedi, par exemple, il y a lieu de distinguer le bassin supérieur, qui comprend les sommets élevés des monts des Hamour et des Ouled Nayl, du bassin inférieur, de l'Oued Demmed à Biskra, où il pleut beaucoup moins.

Ainsi, en ayant égard à la manière dont la ligne de partage des eaux coupe les courbes d'égale pluie, on obtient pour le bassin supérieur :

	Pluie Millimètres	Surface Kilom.²	Produit
Partie de la zone d'Aflou	420	1.000	420.000
Zone de 300 à 400mm	350	2.000	700.000
Dans cette zone, celle du Dj-Senalba	550	500	275.000
Zone de 200 à 300mm	250	3.000	750.000
Zone au-dessous de 200mm	150	4.500	675.000
		11.000	2.820.000
Moyenne =	256		

Pour le bassin inférieur, on trouve :

Partie vers Laghouat	164	3.400	557.600
Partie vers Biskra	122	4.600	561.200
		8.000	1.118.800
Moyenne =	140		

Pour l'ensemble, il vient :

Bassin supérieur	256	11.000	2.816.000
Bassin inférieur	140	8.000	1.120.000
Surface totale		19.000	3.936.000
Moyenne générale	207		

Si l'on possédait, sur une période assez étendue pour le chott Melrir, des observations limnimétriques comme on en possède pour le lac de Genève, on pourrait, ainsi que le regretté M. Plantamour, dans son beau travail sur le régime du lac, en déduire l'apport moyen et en particulier celui de l'Oued Djedi qui joue par rapport au chott Melrir un rôle analogue à celui du Rhône supérieur pour le lac de Genève. On pourrait même débrouiller l'influence accidentelle de la fonte des neiges par l'examen des cas où elle se produit en fonction de la température seule.

A défaut, il reste à procéder par voie d'analogie avec le peu qu'on sait en général du rapport entre l'évacuation par les cours d'eau et la quantité totale de pluie qui tombe. Dans le midi de la France, pour le bassin de l'Aude, M. A. Cauvet, l'estime de 1/5 à 1/4, mais le régime des pluies est bien différent dans le bassin du Djedi. Il n'y pleut pas souvent, mais, quand il y pleut, c'est à torrents et il y tombe fréquemment 15^{mm} d'eau en moins de trente minutes. La proportion de l'écoulement superficiel doit donc être notablement plus grande.

Mais, d'autre part, l'évaporation dans le parcours est plus intense dans un climat plus sec et les diverses causes de perte s'exagèrent ou s'atténuent suivant que l'année est plus ou moins sèche ou pluvieuse. Si l'on observe que, dans le bassin du Djedi, les années sèches sont aux années relativement pluvieuses dans le rapport de 7 à 3, et qu'on leur attribue respectivement les proportions d'écoulement de 0,25 et 0,30, on obtient pour la surface entière du bassin :

Années sèches.... $0{,}25 \times 0^{m},207 \times 19.000.000.000^{m^2} = 984.000.000^{m^3}$
Années pluvieuses.. $0{,}30 \times 0^{m},207 \times 19.000.000\,000 = 1.180.000.000$

et par suite

Années sèches.....	984.000.000$^{m^3}$	× 7 =	6.888.000.000$^{m^3}$
Années pluvieuses..	1.180.000.000	× 3 =	3.540.000.000
		10	10.428.000.000

Apport moyen annuel = 1.042.800 000$^{m^3}$

L'apport moyen annuel de l'Oued Djedi à son estuaire, serait donc d'environ un milliard de mètres cubes, correspondant à une tranche de seulement 55 millimètres sur la surface entière du bassin. C'est peu relativement aux volumes écoulés par nombre de fleuves et rivières dont les bassins sont même moins étendus. C'est énorme si l'on considère la perte de richesse correspondant à l'évaporation de cet apport dans une contrée où la moindre goutte d'eau est d'une valeur précieuse. Et précisément parce que cet apport n'est pas d'un volume relativement considérable, il ne paraît pas inabordable de songer à l'utiliser en entier à la transformation, en fertiles Oasis, de vastes étendues de terrains qui peuvent naturellement s'y prêter, mais qui offrent et continueraient à toujours offrir le désolant aspect d'une stérilité absolue.

BASSINS DE L'AURÈS

A la suite du bassin du Djedi viennent les bassins dépendant du régime de l'Aurès, donnant ensemble un apport plus grand que celui du Djedi, bien que d'une moindre étendue totale (16,000 kilomètres contre 19,000), parce que les grandes altitudes règnent sur toute l'étendue de la ligne de partage, tandis qu'elles en occupent seulement un cinquième environ sur celle du bassin de l'Oued Djedi.

C'est d'abord le bassin de l'Oued Biskra, comprenant le bassin de l'Oued El Kantara qui entre pour 156 millions de mètres cubes et celui de l'Oued Abdi pour 56 millions dans l'apport total de 212 millions de mètres cubes.

Vient ensuite l'Oued El Abiod pour 124 millions.

Entre le bassin de l'Oued El Abiod et celui de l'Oued El Arab, la région est dominée par la partie inférieure de la chaîne de l'Ahmar-Kaddou et ne présente qu'un bassin d'une certaine importance, celui de l'Oued Dermoun pour 92 millions.

Le bassin de l'Oued El Arab est le plus remarquable, s'évasant de bas en haut, de sorte qu'il s'étend le plus dans les hautes altitudes. Son produit est ainsi de 373 millions de mètres cubes. Il présente, en outre, cette particularité qu'on y peut amener par les cols de la ligne de faîte, une partie des eaux tombant sur le versant opposé et augmenter ainsi son apport d'environ 105 millions de mètres cubes.

Viennent en dernier lieu les bassins de l'Oued Bou Dokhan pour 139 millions et de l'Oued Ferkane pour 415 millions de mètres cubes.

L'ensemble des apports de l'Aurès atteindrait ainsi environ un milliard et demi de mètres cubes, lequel joint à l'apport du Djedi, donnerait un apport total de 2 milliards 1/2.

Sur quoi on peut faire la réflexion que voici : Sur la surface d'environ 1,700 kilomètres carrés du Chott Melrir, le volume de 2 milliards 1/2 de mètres cubes ne donne qu'une tranche de moins de 1m50. Or, l'évaporation étant de l'ordre de 2m, le chott devrait le plus souvent être entièrement à sec. Comme cela n'arrive jamais, il est donc certain que le chiffre de 2 milliards 1/2 n'est qu'une limite inférieure de l'apport réel de ses affluents.

BASSIN DU HODNA

Il existe, contigu à celui du Melrir, un autre bassin fermé qui est celui du Hodna. Sa ligne de partage des eaux tributaires du Chott, s'appuie au sud sur celle du bassin du Djedi en contournant par le nord, de Djelfa à Batna. La surface de versants recevant les eaux pluviales est également d'environ 16.000 kilomètres carrés, comme celle de l'Aurès. Un quart environ de son étendue est dans la zone de 400 à 500mm de pluie, la moitié dans celle de 300 à 500mm, et le dernier quart à cheval sur la courbe de 200mm.

On en déduit :

	Surface Kilom.²	Hauteur moyenne de pluie	Produit
	—	—	—
1er quart...	4.000	0,450	180.000
Moitié......	8.000	0,350	280.000
4e quart....	4.000	0.200	80.000
	16.000		540.000
Quantité moyenne de pluie sur les versants du Hodna.		0,337mm,5	

Il pleut donc plus, comme on le sait d'ailleurs, dans le Hodna que dans l'Aurès.

La tranche d'eau qui s'écoule de la surface de ses versants étant de 100^{mm}, il en résulte un apport moyen au Chott d'un milliard 6/10^{m3}.

La surface propre du Chott du Hodna est d'environ 1,400 kilomètres carrés, inférieure de un cinquième environ à celle du Chott Melrir; aussi la zone d'inondation marquée sur les cartes les plus récentes est-elle proportionnellement plus étendue.

Cela donne lieu à la même observation que ci-dessus, que le produit calculé de un milliard 6/10 n'est qu'une limite inférieure de l'apport réel des versants tributaires du Chott.

Il est probable que l'écart doit provenir de la fonte des neiges dont le produit n'entre pas dans la hauteur moyenne de pluie.

Il reste ainsi démontré que la richesse totale en eau disponible pour l'utilisation agricole dans les zones considérées, dépasse certainement l'ordre d'en moyenne quatre milliards de mètres cubes par an.

CAPACITÉ DES RÉSERVOIRS

La disposition, généralement concentrique des affluents vers l'estuaire où leurs eaux s'écoulent, fait que la surface des versants où ils prennent naissance, se partage en bassins particuliers qui ont chacun leur débouché dans la plaine. On peut concevoir que le Chott serait entouré d'une rigole de ceinture qui, les détournant au passage, amènerait les eaux des divers bassins dans un réservoir unique, ou bien qu'un réservoir particulier soit établi au débouché de chaque bassin, pour emmagasiner l'intégralité de ses eaux.

Dans le premier cas, la dépense d'enceinte du réservoir serait la moindre par unité de volume emmagasiné, puisqu'à profondeur égale, le volume emmagasiné croît comme le carré du rayon moyen de la surface, tandis que le développement de l'enceinte ne croît que comme sa première puissance.

Mais, après examen, on reconnaît que le surcroît de dépense d'un réservoir par bassin est négligeable en présence des avantages de leur indépendance, d'où il résulte qu'il convient le mieux d'établir chaque réservoir au plus près du débouché de chaque bassin.

Reste à déterminer la capacité d'un réservoir, en raison des variations que subit l'apport du bassin qui l'alimente, suivant que les années sont sèches ou pluvieuses, de manière que la consommation d'eau étant réglée sur la moyenne de l'apport annuel et le réservoir remplissant la fonction d'un volant qui emmagasine les excédants et restitue les insuffisances, cette consommation puisse être maintenue régulièrement constante au maximum d'utilisation de la quantité d'eau que le bassin peut fournir.

Dans cette détermination doit intervenir le régime des pluies propre à chaque bassin ou ensemble de bassins, et pour ce qui concerne, par exemple, le bassin général du Melrir, il y a lieu de distinguer entre le régime de l'Aurès, qui peut être défini par le régime pluvial de Batna, et le régime du bassin de l'Oued Djedi, qui peut l'être par le régime pluvial d'Allou.

Notant donc les différences en plus ou en moins des quantités de pluies annuelles, sur la moyenne décennale, pour chacune de ces deux stations, il vient :

Années...	1877	1878	1879	1880	1881	1882	1883	1884	1885	1886
Pour Batna, avec 10 ans d'observations consécutives :										
Pluie....	597,8	290.6	290.4	324,1	347,7	356.2	388,8	578,4	285.0	491.5
Moyenne.	391.3	391.3	391.3	391.3	391.3	391.3	391.3	391.3	391.3	391.3
Excès....	+203,5	−103,7	−103,9	−70,2	−50,6	−35,1	−2,5	+184,1	−109,3	+97,2
Pour Allou, avec 9 années d'observations :										
Pluie.....	•	182.1	302.7	224.8	687.8	238.4	264.7	856.9	527.6	537.0
Moyenne.	•	424.7	424.7	424.7	424.7	424.7	424.7	424,7	424.7	424.7
Excès....	•	−242,6	−122.0	−199,9	+263,1	−186.3	−160,0	+432,2	+102.9	+112.3

Il est évident que la somme des excès positifs doit être égale à celle des excès négatifs. Les alternatives d'excédant et d'insuffisance peuvent d'ailleurs être réparties d'une manière quelconque dans la période considérée. Le cas le plus défavorable est celui où les années sèches et les années pluvieuses se succèdent sans interruption des unes aux autres. Il faut alors que la capacité du réservoir soit égale à la somme des excédants à accumuler pendant la série d'années pluvieuses pour permettre de subvenir à une somme égale des insuffisances pendant la série des années sèches.

Cette somme, pour le régime de l'Aurès, est représentée par une colonne pluviale de 485^{mm} et, pour le régime du bassin de l'Oued Djedi, par une colonne de 911^{mm}.

Il en résulte, en divisant par les moyennes respectives, les apports étant proportionnels aux quantités respectives de pluie, et en négligeant pour le moment l'influence de l'évaporation à la surface même du réservoir, que la capacité d'accumulation d'un réservoir doit être :

Sous le régime de l'Aurès..... $\frac{485}{391.3} = 1,24$ fois
Sous celui du bassin du Djedi. $\frac{911}{421.7} = 2.15$ fois
} l'apport moyen annuel du bassin qui doit l'alimenter.

Ces résultats montrent que le régime de l'Aurès est plus égal, c'est-à-dire se rapproche plus sensiblement de sa moyenne de pluie que celui du Djedi qui s'en écarte de plus du double, ce qu'il était important de constater pour l'application.

Ainsi, il est probable que les circonstances locales et d'autres raisons qui seront ultérieurement produites devront conduire à réunir dans un même réservoir les apports respectifs de l'Oued Djedi et de l'Oued Biskra. L'apport de ce dernier dépendant du régime de l'Aurès, la capacité de ce réservoir devra donc comprendre :

Pour la part de l'oued Djedi.	1.000.000.000	× 2,15	=	2.150.000.000^{m3}
Pour la part de l'oued Biskra.	212.000.000	× 1,24	=	263.000.000
	1.212.000.000			2.413.000.000^{m3}

soit presque exactement le double des apports moyens réunis des deux bassins concourants.

La capacité ainsi obtenue doit néanmoins être considérée comme une limite supérieure de la capacité effective à donner au réservoir, si l'on tient compte de l'influence de l'évaporation à sa surface, car évidemment l'apport moyen doit être diminué du volume d'une tranche d'environ 2^m que l'évaporation enlève annuellement de cette surface. On est jusqu'à un certain point maître de réduire la surface du réservoir en augmentant sa profondeur moyenne et l'on devra faire effort pour se rapprocher ainsi le plus qu'on pourra de la limite obtenue sans la considération de l'évaporation. En fait, il paraît difficile que la perte par évaporation puisse être réduite sensiblement au dessous de 8 % de l'apport moyen par la seule diminution de la surface du réservoir.

Mais en fait aussi, il y a d'autre part, comme élément de compensation à la perte par évaporation, la fonte des neiges dont le produit, faute d'observations, n'entre pas dans l'apport moyen seulement calculé sur la quantité moyenne de pluie observée. On arrive de diverses manières à estimer que ce produit doit être d'un ordre assez considérable. Le sera-t-il assez pour compenser ici une perte de l'ordre de 100 millions de mètres cubes du chef de l'évaporation ? ce serait tout bénéfice.

Comme en tout cas il convient de laisser une marge assez grande à la capacité du réservoir pour parer à toute éventualité, il appert qu'on y satisfera suffisamment en la calculant indépendamment de la considération de l'évaporation.

FORME DES RÉSERVOIRS

Lorsque le réservoir d'un bassin pourra être placé au débouché du bassin dans la plaine et que l'évasement qu'il y présente généralement se prêtera à l'enracinement latéral de la levée de retenue, les berges de l'évasement formant clôture naturelle, la clôture à l'aval sera la mieux réalisée par une levée en forme d'arc circulaire qui, à surface égale de la retenue, présentera à la fois le moindre développement et le moindre volume.

Lorsque le débouché de la partie montueuse dans la plaine

sera trop éloigné ou qu'il y aura opportunité de réunir dans un réservoir commun les apports de plusieurs bassins secondaires, ou qu'on y sera conduit par des conditions à remplir que l'étude des circonstances locales pourra révéler, le réservoir devant alors être établi en plaine, la forme qui satisfait le mieux à la réduction de la surface d'évaporation et à la diminution de la surface laissée à découvert par le retrait de l'eau sur le fond en pente, pendant les variations de son niveau, est celle d'un rectangle allongé dans le sens de la plus grande pente du terrain.

La forme générale qu'affecte alors le relief du réservoir est celle d'un prisme triangulaire rectangle couché sur le terrain par sa face hypoténusale et l'affleurant suivant une ligne de niveau, de sorte que sa face supérieure soit horizontale.

Nommant x la largeur dans le sens transversal, y la longueur dans le sens de la pente i, ζ la plus grande profondeur ou hauteur de levée en aval, A l'apport moyen annuel qui doit alimenter le réservoir, m le rapport de la capacité du réservoir à l'apport moyen suivant le régime de la contrée, on a

$$m\,A = \frac{1}{2} x y \zeta$$

Mais $y = \frac{\zeta}{i}$, ce qui donne $m\,A = \frac{1}{2\,i} x \zeta^2$, d'où l'on tire, suivant qu'on se donne ζ ou x, A étant connu ainsi que la pente i,

$$x = \frac{2\,i m\,A}{\zeta^2} \quad \text{ou} \quad \zeta = \sqrt{\frac{2\,i m\,A}{x}}$$

La surface d'évaporation au niveau supérieur du réservoir est xy et le rapport de cette surface à l'apport moyen $\frac{xy}{A}$.

Ayant $y = \frac{\zeta}{i}$ et $A = \frac{1}{2\,i m} x \zeta^2$, on en conclut $\frac{xy}{A} = \frac{2\,m}{\zeta}$

et par suite, la perte par évaporation étant en raison inverse de la hauteur ζ, qu'il y aura d'autant plus d'intérêt à accroitre cette hauteur que le rapport m, auquel on ne peut rien, serait lui-même plus grand.

CUBE DES TERRASSEMENTS

L'enceinte du réservoir se composant de la levée transversale de hauteur ζ qui le termine à l'aval sur la largeur x et de deux levées latérales de hauteur variant de ζ à 0 sur la longueur $\frac{\zeta}{i}$, son cube total se détermine aisément en fonction de l'apport A, de la hauteur ζ à l'aval, de la pente i du terrain et de la largeur en couronne c avec talus à $\frac{3}{2}$.

Le cube de la levée transversale est $\left(\frac{3}{2}\zeta+c\right)\zeta x$, ou, à cause de $x=\frac{2imA}{\zeta^2}$, $2imA\left(\frac{c}{\zeta}+\frac{3}{2}\right)$.

Celui des deux levées latérales est $\frac{1}{i}\zeta^2(\zeta+c)$, indépendant de l'apport.

Le cube total devient ainsi :

$$C=2imA\left(\frac{c}{\zeta}+\frac{3}{2}\right)+\frac{1}{i}\zeta^2(\zeta+c).$$

La hauteur ζ, dont on dispose, devant être en principe d'un ordre élevé ou le plus élevé possible, ce cube reste principalement fonction de la pente du terrain, dont on ne dispose pas, du moins sur le papier. Comme à cause de la prépondérance du second terme, la pente influe principalement sur la diminution du cube en raison inverse de son ordre de grandeur, il convient de remonter l'emplacement du réservoir ou au besoin de le transporter dans une autre partie du terrain où l'on pourrait se procurer l'avantage d'une pente plus forte.

APPLICATION AU RÉSERVOIR DU DJEDI-BISKRA

Comme exemples de réservoirs en plaine, on pourrait se proposer d'en établir séparément dans la plaine des Zibans, sur l'Oued Djedi dont la pente est de $1^m,62$ par kilomètre, et, au-dessous de Biskra, sur l'Oued Biskra, dont la pente est de $3^m,50$, les deux cours d'eau se réunissant vers Saada sous un angle assez ouvert.

Pour le réservoir du Djedi, faisant $A = 1.000.000.000^{m^3}$, $m = 2,15$, $i = 0,00162$, $\zeta = 50^m$ et $c = 6^m$, on aurait :

Largeur 2.785^m, longueur 30.864^m, surface $85.941.000^{m^2}$, cube........................ $97.698.000^{m^3}$

Pour le réservoir du Biskra, faisant $A = 212.000.000^{m^3}$, $m = 1,14$, $i = 0,0033$ et conservant les mêmes valeur pour ζ et c, il viendrait :

Largeur 677^m, longueur 14.286^m, surface $9.667.000^{m^2}$, cube........................ 42.740.090

Le cube total des terrassements à effectuer pour les deux réservoirs séparés atteindrait ainsi........................ $140.439.000^{m^3}$

Mais si l'on détourne l'Oued Djedi pour l'amener sous Biskra afin de profiter de la pente plus forte de l'Oued Biskra, en réunissant dans un même réservoir les apports des deux bassins, faisant alors $A = 1,212,000,000^{m^3}$, $m = 1,99$, $i = 0,0035$ et conservant toujours $\zeta = 50^m$ et $c = 6^m$, on obtient :

Largeur 6.753^m, longueur 14.286^m, surface $96.476.000^{m^2}$, cube $67.351.000^{m^3}$.

Il est évident qu'une rigole d'une trentaine de kilomètres dans la plaine des Zibans pour détourner l'Oued Djedi, coûtant une centaine de mille francs, ne saurait équivaloir comme dépense à une économie de plus de moitié, soit de 73.088.000 mètres cubes de terrassements, et par conséquent l'établissement d'un seul réservoir serait ici préférable à l'établissement de deux réservoirs séparés.

EXÉCUTION DES RÉSERVOIRS

L'exécution d'ouvrages de cette nature, n'est pas de celles qui, comme le percement d'un isthme, l'établissement d'un pont, veulent être menés entièrement à fin avant de pouvoir être mis à profit. Elle serait plutôt l'analogue de celle d'un chemin de fer dont les diverses sections seraient mises en exploitation au fur et mesure de son avancement. Elle n'aura même pas besoin d'être menée bien rapidement. Il suffira qu'elle anticipe de peu sur les besoins d'eau qui se produiront au fur et mesure de la mise en culture des terrains à convertir en Oasis, et ce n'est pas du jour au lendemain que pourront être ainsi convertis les 200.000 hectares environ que peut arroser un débit régularisé de 1.200 millions de mètres cubes d'eau par an, pour ce qui concerne le réservoir dont il s'agit.

La loi que pourra suivre le développement de cette transformation, pourra être plus ou moins rapide. On en sera quitte pour procéder plus ou moins rapidement à l'exhaussement des levées du réservoir, et cela par un moyen bien simple.

Supposant que, par les moyens ordinaires de terrassement, on ait amorcé l'exécution de l'enceinte avec une hauteur de 6 mètres, par exemple, à la levée transversale, on aura ainsi une première retenue d'eau de la profondeur moyenne de 3 mètres. On pourra, dès lors, procéder à l'exhaussement pour ainsi dire indéfini des levées par simple voie de dragages à l'intérieur de l'enceinte, en en rejetant le produit sur la crête des levées.

La capacité de la retenue à ce premier degré d'élévation de l'enceinte serait, pour $\zeta = 6^m$,

$$A = \frac{1}{2\,m} x \zeta^2 = 17.432.000^{m^3}$$

Si l'on veut obtenir la partie qui en peut être utilisée pour l'irrigation, il faut en déduire la tranche d'environ 2 mètres, annuellement enlevée par l'évaporation, ce qui ramène la hauteur ζ à $\zeta = 4^m$ et réduit le volume utile à

$$A_u = 7.757.000^{m^3}.$$

Ainsi, dans ce cas particulier, le volume utile est réduit à 0,28, c'est-à-dire que l'évaporation enlève plus des 2/3, presque les 3/4 de l'apport correspondant, cela provient de ce que la profondeur est ici très petite, relativement à la surface, et il en sera ainsi, mais en diminuant progressivement, jusqu'à l'entier achèvement du réservoir où l'apport entier sera utilisé avec le minimum correspondant d'évaporation qui serait ici de 8 0/0.

Quant au nombre d'hectares, qui pourraient être utilement arrosés à ce premier degré de retenue, il serait de 15 à 1.600, nombre qui serait probablement dépassé dès la deuxième année du commencement de la livraison de l'eau à l'exploitation.

Il faudrait donc, dès la première année de cette livraison, commencer l'exhaussement des levées, et si l'on fait ce premier exhaussement de 2 mètres, on aura pour $\zeta = 8 - 2$, tranche d'évaporation déduite, $A_u = 17.412.000^{m^3}$ pour 3.400 à 3.500 hectares, et le travail du draguage, avec déduction du cube de la levée primitive, aurait été de :

$$1.229.470 - 732.620 = 496.850^{m^3}.$$

Le service d'irrigation de la deuxième et de la troisième année serait ainsi probablement assuré. Si, l'exploitation continuant à se développer, il y avait 5.000 à 5.200 hectares à desservir la quatrième année, il aurait fallu procéder à un second exhaussement, et ainsi de suite au fur et mesure du développement de l'exploitation.

Lorsque la retenue aura atteint la capacité d'emmagasinement de l'apport moyen de 212 millions de m^3 de l'Oued Biskra, la hauteur de levée sera parvenue à $\zeta = 16^m$. Il y aurait alors 32.000 à 33.000 hectares en exploitation vers la douzième ou treizième année du commencement des irrigations. L'exhaussement de 6 à 16^m aurait donc dû être fait en 9 ou 10 ans à raison d'environ 1 mètre par an, ou de 2 mètres par deux années, pour arriver à la capacité de $4.000.000^{m^3}$ correspondant à la hauteur $\zeta = 16^m$.

A ce moment, il faudrait être prêt pour commencer à amener l'eau du Djedi dans le réservoir. Le détournement du Djedi, par la plaine des Zibans, serait une opération très simple. Si l'on accuse le tracé de la dérivation, suivant une ligne de pente presque de niveau, par une rigole servant à former un bourrelet de 2^m de hauteur sur sa rive droite, la pente transversale de la plaine étant de 4 à 5^m par kilomètre, l'horizontale du couronnement percera le terrain à 4 ou 500^m du bourrelet sur la rive gauche. La section d'inondation serait ainsi de 4 à 500^{m2}, pouvant livrer passage à un débit de 200 à 250^{m3}, à une vitesse qu'il ne faudrait pas prendre supérieure à $0^m,50$ ou $0^m,60$ au plus par seconde.

Ce n'est peut-être pas le débit des plus fortes crues de l'Oued Djedi, mais on ne pourra d'abord utiliser qu'une faible partie de son apport et il faudra prendre les dispositions nécessaires pour éviter le trop plein dans l'enceinte des levées, comme aussi pour l'Oued-Biskra, tant que la capacité de l'enceinte ne sera pas assez grande pour en recevoir l'apport entier. Plus tard, on pourra approfondir progressivement la rigole primitive jusqu'au point qu'il conviendra pour assurer le détournement complet de l'Oued.

Si l'on suppose qu'à la vingtième année de la mise en train de l'opération, correspondant à la dix-huitième du commencement de l'irrigation. le développement de l'exploitation ait atteint 80,000 hectares, la hauteur de levée z serait alors de $30^m,7$ et la part d'apport fournie par le Djedi, de 245 millions de mètres cubes, soit environ 1/4 de son produit moyen.

Supposant la hauteur de levée alors portée à 32^m en huit ans, le cube total de l'enceinte atteindrait $22,736,000^{m3}$. Déduisant $4,708,000^{m3}$ effectués dans la période précédente, il y aurait environ 16 millions de mètres cubes de draguage à faire dans cette période, et si l'on procédait de même par exhaussement de 2^m, le travail annuel varierait de $1,364,000^{m3}$ à $3,144,000^{m3}$ de la première à la huitième année de cette même période.

On remarquera que, comme naturellement, le cube nécessaire pour l'exhaussement des levées va croissant de l'un à l'autre pour chaque exhaussement d'égale hauteur, mais qu'à l'origine cet accroissement est relativement peu rapide.

Si l'on met l'expression du cube sous la forme :

$$C=\left[x\left(\frac{c}{\zeta}+\frac{\zeta}{3}\right)+\frac{1}{2}(\zeta+c)\right].\zeta^2.$$

la largeur x étant constante, on voit aisément qu'en effet le facteur entre crochets commence par diminuer à mesure que ζ s'accroît et qu'il atteint son minimum pour $\zeta=\sqrt{3c}$, correspondant ici à la valeur d'environ $\zeta=12^m$.

Cette remarque est importante parce qu'elle montre comment de gigantesques ouvrages de cette nature peuvent être amorcés avec une avance de capital relativement faible. A la hauteur de 12^m, le cube de l'enceinte est de $2,686,000^{m3}$ ayant coûté à peine 1 million en huit ans. Or, la surface exploitée s'élèverait alors à environ 16 ou 17,000 hectares, dont 3,000 à 3,500 parvenus à l'état de plein rapport, produisant alors de 3 à 3 millions 1/2. C'est donc moins d'un million qu'il aura été nécessaire d'avancer pour la construction du réservoir jusqu'au moment où l'avancement de cette construction sera assuré par les produits croissants de l'exploitation.

A la vérité, la marche réelle que pourra suivre le développement de l'exploitation reste quant à présent plus ou moins hypothétique, bien qu'il soit absolument certain que, là où l'on offrira des habitations et du travail rénumérateur, la concurrence de travailleurs acclimatés ne saurait manquer de se produire. Mais cela ne fait rien à la dépense absolue de mise en train du réservoir qui, une fois amorcé, ne serait poussé qu'au fur et à mesure des besoins. Tout au plus une marche plus lente dans le développement de l'exploitation pourrait-elle influer sur l'accroissement du compte intérêts du capital de l'amorce et cela devient relativement insignifiant.

Ce qui vient d'être dit pour le réservoir commun des bassins du Djedi et du Biskra qui se présente comme devant être de beaucoup le plus important, s'applique à plus forte raison aux réservoirs de capacité moindre, et il reste acquis que, sous une apparence formidable, comme l'énormité du chiffre l'inspire de prime abord, l'aménagement rationnel de quatre milliards de mètres cubes d'eau est une opération dont la mise en train est des plus simple et des plus facilement abordable. Une fois en train, il n'y a plus qu'à la laisser aller, elle marche toute seule en y affectant au fur et à mesure une faible partie du produit qu'elle engendre.

COUT DE CAPTATION DU MÈTRE CUBE D'EAU

Comme résultat final, en continuant à prendre exemple du réservoir de Djedi, lorsqu'il sera complètement achevé, la dépense totale de son érection aura atteint l'ordre d'au plus 35 millions. L'effet sera alors celui d'une source constante dont le débit régulier serait de 1.212.000.000 de mètres cubes par an. Il faudrait en déduire l'évaporation à la surface du réservoir, laquelle sera de 8 0/0, mais il faudrait ajouter le produit de la fonte des neiges qu'à défaut d'observations actuelles l'expérience ultérieure permettra seule de déterminer. Quant à présent, il y a motif de présumer que, s'il ne dépasse pas l'évaporation, ce produit du moins la compense en grande partie. Tenant donc le chiffre de 1.200 millions de m³ comme correspondant à l'ordre normal de grandeur de l'apport annuellement disponible, il en résulte que le coût de captation ne revient qu'à 2 c., 89 par mètre cube du débit annuel.

Comparant ce coût avec celui de la captation par puits artésiens dans l'Oued Rir' et le Hodna sur d'égales longueurs totales de forage dans chacune de ces contrées, on obtient :

Pour l'Oued Rir', d'Oum-el-Thiour à Tougourt exclusivement : dépense de 4,321^{m} de sondages, 259.260 francs, débit annuel 51,509,000^{m3}, coût de captation par mètre du débit 0 c., 50. (Profondeur moyenne des puits 72^{m}.)

Pour le Hodna : dépense de 4,335^{m} de sondages 225.420 fr., débit annuel 14,349,000^{m3}, coût par mètre du débit 1 c., 57. (Prof. moy, 114^{m}.)

Le coût de la captation artésienne croissant comme la puissance 2 1/2 de la profondeur du sondage, on voit que la captation pluviale reviendrait à la captation artésienne à la profondeur de 145^{m}.

Mais il y a en outre à considérer l'utilisation de la captation.

UTILISATION DE LA CAPTATION

La source artésienne une fois établie coule toujours uniformément, qu'il y ait ou qu'il n'y ait pas besoin d'irrigation, et l'on ne peut songer à emmagasiner l'excédant du débit lorsque, comme dans l'Oued Rir et le Hodna, la puissance ascensionnelle ne dépasse guère le niveau du sol.

Les palmiers exigent une chaleur de 5100° accumulée pendant huit mois au-dessus de la température de 18°. C'est de la fin de mars au commencement d'octobre qu'ils ont besoin d'eau pour subvenir à l'évaporation par la surface de leur feuillage, à raison d'une moyenne de 2 litres par degré de la température et par jour. Par suite, leur consommation journalière peut être ainsi figurée :

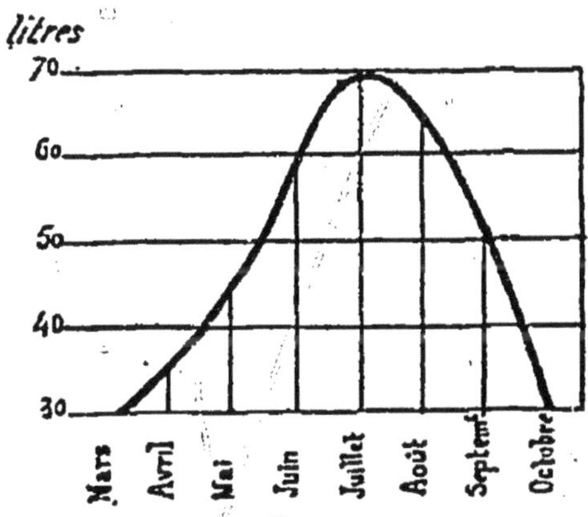

Le débit d'un puits artésien restant constant, il est nécessaire de régler l'irrigation par palmier en proportion du maximum de 70 à 80 litres par jour, afin qu'il ne soit pas exposé à souffrir pendant les fortes chaleurs. C'est dans ce sens que, disent les Arabes, « le palmier doit plonger ses pieds dans l'eau et sa tête dans le feu du ciel ». Car, ayant les pieds dans l'eau, il n'évaporera pas pour cela 1 kilogr. d'eau de plus que ne le comporte la température ambiante. La fourniture d'eau par palmier doit alors être réglée en proportion d'au moins 25.550 litres par an.

S'il s'agit d'un réservoir, dans l'approvisionnement duquel l'économie impose d'ailleurs de ne puiser qu'autant que les besoins l'exigent, il suffirait de régler cette proportion sur le pied de 11.500 à 12.000 litres.

Ainsi, pour ce qui est des palmiers, on peut en alimenter un *nombre double* avec un réservoir de même capacité que le débit annuel d'un puits artésien.

Si l'on suppose qu'il soit pourvu à l'alimentation des palmiers par imbibition du sous-sol, sans qu'il y ait trace d'eau à la surface, comme dans les palmeraies où les palmiers ont été plantés dans des trous atteignant la couche humide (Hadjira, Souf, etc.), ce sera le dernier mot de l'art. La quantité absolue d'eau à fournir par palmier sera diminuée des pertes par évaporation qu'entraîne directement l'irrigation superficielle. Mais cela ne fera pas que le palmier évapore plus que ne le comporte la température, ni que le puits artésien cesse de couler uniformément. Il y aura un peu plus d'eau perdue en sus des besoins réels, tandis qu'au contraire l'économie de l'évaporation directe à la surface du sol tournera au profit de l'approvisionnement du réservoir qui pourra ainsi pourvoir en proportion à l'alimentation d'un surcroît de palmiers.

DÉBIT ANNUEL DES PUITS ARTÉSIENS

En 1881, M. Jus estimait le débit total des puits artésiens de l'Oued Rir', à 93,390,000^{m3} par an.

En 1887, M. Roland le porte à.............	130,000,000^{m3}
Ajoutant celui de la région d'Ouargla.....	30,000,000
Et celui du Hodna qui est resté stationnaire	15,000;000
On trouve environ 175 millions de m. cubes..	175,000,000^{m3}

pour le débit total annuel des nappes artésiennes de la contrée.

Ce débit pourra-t-il encore être augmenté, ce qui, de toute

manière, serait fort désirable ? Ce ne pourrait guère être que dans l'Oued-Rir'. Mais diverses indices font craindre qu'on ne puisse encore aller bien loin dans cette voie, sans porter le trouble dans les Oasis existantes.

Admettant que le chiffre total puisse atteindre 200 millions, voire 250 millions, ce qui est plus que problématique, ce ne serait encore que $\frac{1}{20}$, au plus $\frac{1}{16}$ de la masse de 4 milliards de mètres cubes, produit annuel des écoulements des bassins du Melrir et du Hodna

Il y a plus, comme chaque mètre cube capté de ces écoulements vaut le double du mètre cube artésien, ces 4 milliards de mètres cubes représenteraient le produit, porté à son maximum, de 40 à 50 Oued Rir' entiers.

L'avenir, un avenir d'une incomparable richesse pour ce pays, appartient donc indiscutablement à l'aménagement d'ailleurs facile de cette énorme masse d'eau qui, actuellement, s'évapore en pure perte.

ACCROISSEMENT DE L'APPORT PLUVIAL

On peut se demander, comme on vient de le faire pour l'Oued Rir', s'il serait possible d'augmenter cet apport de 4 milliards de mètres cubes d'eau, qui paraît relativement énorme dans ce pays *de la soif*, mais qui, en même temps, paraît minime, relativement à l'étendue hydrographique de la zone dont il découle.

Lorsqu'on parcourt cette zone, longtemps soumise à la domination romaine et considérée comme le grenier de Rome, on est frappé de la multitude de ruines romaines qu'on y rencontre, parmi lesquelles celles d'aqueducs, d'ouvrages hydrauliques, de seguias, etc.. mais de traces d'eaux auxquelles ces ouvrages pourraient actuellement servir, point.

Il faut donc que, de l'époque romaine à nos jours, la quantité de pluie se soit considérablement amoindrie, ou que les conditions d'écoulement superficiel qui en permettraient l'utilisation, celles-ci réagissant sur celle-là, se soient considérablement détériorées.

Sans doute des indices certains témoignent que la quantité générale de pluie va en diminuant sur le globe depuis l'époque quaternaire ; mais cela n'explique pas une variation locale aussi rapide. C'est l'homme qui, là comme ailleurs, a été l'agent destructeur le plus actif de conditions climatériques précédemment plus favorables.

Un douar reste à la même place jusqu'à ce qu'il ait épuisé aux alentours l'alfa et les plantes désertiques qui lui servent de combustible et s'en va ailleurs, pendant q oi ces plantes repoussent. Une agglomération humaine finit par faire le vide du bois autour d'elle ; mais les forêts ne repoussent pas quand le sol est dénudé, et la pluie qu'elles favorisaient est au contraire repoussée par le rayonnement plus intense du sol dénudé et suréchauffé. Il en tombe moins et seulement par grosses averses, encore plus destructives de toute végétation sur les versants inclinés qu'elles ravinent.

Lorsque la région du Melrir, le Zab-Chergui, sera couverte de quatre à cinq cent mille hectares de palmiers, le rayonnement du sol à l'abri de leur ombre n'agira plus autant pour vaporiser les gouttes de pluie avant qu'elles n'arrivent à terre. Il y pleuvra plus ou moins souvent, ce qui y est maintenant très rare, mais l'effet restera local, ne s'étendra pas plus loin. C'était une illusion du projet de « mer intérieure », qui devait occuper la même place, d'estimer que son évaporation contribuerait puissamment à modifier le climat de la contrée en augmentant la quantité de pluie sur les hauteurs voisines. L'évaporation de l'Océan de verdure formé par les feuilles des palmiers sera certainement plus abondante encore et du même coup le problème de l'augmentation de l'apport pluvial se serait ainsi trouvé résolu. Malheureusement la diffusion de cette plus grande évaporation dans l'atmosphère indéfinie ne peut encore donner qu'un résultat local absolument insensible.

NÉCESSITÉ ET UTILITÉ DU REBOISEMENT

Si l'on veut rétablir le régime pluvial de la contrée comme il existait du temps des Romains, avant qu'ils ne l'aient eux-mêmes gâté, ce qui, du reste, n'a pas été bien long, il faut rétablir ce qui existait avant leur occupation, c'est-à dire l'ensemble des forêts préservatrices de la sécheresse du sol, et opérer la correction hydraulique des versants dégradés par leur dénudation consécutive.

Pour ce qui concerne l'accroissement de l'apport pluvial en accroissement de l'étendue d'Oasis qui peuvent être alimentées par l'apport actuel, ce reboisement et cette correction doivent comprendre l'étendue entière des versants générateurs de cet apport, c'est-à-dire les bassins entiers du Melrir et du Hodna. Les travaux à exécuter se rapportent au type éminemment simple et rationnel déterminé dans l'impérissable *Étude sur les torrents des Hautes-Alpes*. due à l'illustre Ingénieur Alexandre Surell. La voie qu'il a tracée a été depuis fidèlement suivie par l'Administration des forêts et les résultats obtenus ont fait l'admiration de nombreux forestiers russes, anglais, allemands, danois, espagnols, etc., qui sont venus les visiter.

La conséquence finale de ces travaux sera l'accroissement de la quantité de pluie dans la zone des bassins du Melrir et du Hodna, par suite l'accroissement proportionnel de la quantité d'eau qui s'en écoule actuellement, mais sans qu'il y ait lieu d'augmenter la capacité correspondante des réservoirs, parce que l'écoulement sera réparti sur un temps plus long pendant lequel la consommation absorbera la différence.

S'il y a accroissement de la quantité d'eau, il y aura accroissement de produit et il n'en faut pas beaucoup pour que l'opération devienne rémunératrice, sachant que chaque mètre cube d'eau, utilisé en plus, donne en surcroît un produit de deux kilogrammes de dattes.

Une autre conséquence, générale celle-là, sera l'amélioration du climat, non pourtant du Sahara et de l'Algérie comme y prétendait le projet de « Mer intérieure », mais certainement de la zone reboisée et d'un rayon d'une certaine étendue autour de cette zone. On sent que lorsqu'une notable partie de la chaleur ambiante pourra être absorbée, sur de grands espaces boisés, par le travail de l'évaporation qui en consomme beaucoup par unité de poids évaporé, la température moyenne en sera adoucie, qu'il y aura moins d'écart entre les températures extrêmes. Il y a là utilité publique.

C'est aussi comme travaux d'utilité publique qu'ont été entreprises par l'Administration des forêts et se poursuivent sur une grande échelle les opérations de reboisement en exécution des lois de 1863 et 1864 dans la voie tracée par Surell et que son Étude a provoquées. En doit-il être de même dans le coin de l'Algérie dont il s'agit?

En tout cas, s'il y a utilité publique, il y a aussi utilité industrielle. Ce n'est pas l'État qui construira les réservoirs destinés à l'emmagasinement de l'apport des eaux des bassins du Melrir et du Hodna dans l'état actuel. Si cet apport doit être accru par l'effet du reboisement et profite ainsi à l'accroissement du produit industriel à obtenir de ces réservoirs, de deux choses l'une : ou l'opération du reboisement étant d'utilité publique, l'industrie devra y concourir pour la part qui l'intéresse, ou, si c'est l'industrie qui l'opère, l'État lui devrait une subvention pour la part afférente à l'amélioration du climat de la contrée.

En fait, c'est ici l'intérêt industriel qui prime la question et il est assez grand pour que le reboisement puisse être imposé à l'industrie comme condition de la déclaration d'utilité publique nécessaire à son exécution.

DEUXIÈME PARTIE

DÉCOMPTE APPROXIMATIF

DES

DÉPENSES D'ÉTABLISSEMENT ET PRODUITS DE L'EXPLOITATION

pendant une première période de vingt années

CADRE A ÉTABLIR

Etant donnée la possibilité qu'on aurait de se procurer à volonté l'eau nécessaire pour l'alimentation d'une grande étendue d'Oasis à créer, ce n'est cependant que progressivement, par accroissements successifs, que cette possibilité peut être mise à profit, l'eau ne faisant besoin qu'au fur et à mesure que l'exploitation peut elle-même se développer. Dans le mode d'aménagement des colatures pluviales par réservoirs de retenue, placés au plus près du débouché de chaque bassin ou groupe hydrographique de bassins d'où elles s'écoulent, l'accroissement de la quantité d'eau à mettre au service de l'exploitation s'obtient par un exhaussement proportionné des levées du réservoir qui l'alimente, jusqu'à ce que la capacité de celui ci ait atteint la limite qui convient à l'apport normal du bassin. On peut ainsi faire sur l'extension progressive de l'exploitation telle hypothèse qui pourra paraître le plus vraisemblablement réalisable, sans crainte d engager dans l'établissement du réservoir un capital plus grand qu'il ne sera d'abord nécessaire, puisqu'en fait, une fois amorcé, on sera toujours maître de retarder ou d'accélérer la continuation de son érection suivant que le besoin le comportera. Il n'en est pas moins nécessaire de faire d'abord une telle hypothèse comme cadre pour fixer les idées.

PLANTATION DES PALMIERS

Une première difficulté d'aborder la création d'Oasis en bien grande échelle, néanmoins difficulté seulement temporaire, est de se procurer le nombre nécessaire de plants de palmiers à raison de 200 par hectare : car pour multiplier les dattiers, on ne sème pas les noyaux des fruits, quoiqu'ils germent avec une extrême facilité. On ne saurait deviner à l'avance ni le sexe, ni la variété de l'arbre ; on préfère donc détacher du palmier femelle les rejetons qui poussent au pied du tronc, et en les replantant, on obtient des palmiers du même sexe et de même variété.

Ces variétés sont nombreuses. Les principales sont : *El Deglet-Nour* (datte transparente de qualité supérieure, la plus succulente et la plus recherchée) ; *El Botteguen* (appelée aussi *El R'ers*, datte molle) ; *El Hûlou* (douce, sucrée) ; *Deguel-Amellal* (datte blanche) ; *Arechti* (qui se réduit facilement en pâte) ; *Aïoujil* (l'orpheline) ; *Tazouggart* (la rouge) ; *El Ammari* (datte d'été, la plus précoce) ; *El H'erra* (la franche).

Si l'on pouvait acheter tous les rejetons des deux millions de palmiers de la contrée, cela ne mènerait pas encore bien loin, à plus forte raison si l'on se bornait aux qualités supérieures comme le Deglet-Nour. Si, ayant fait une première plantation, on attend qu'elle donne des rejetons, puis, que ceux-ci en donnent d'autres, ce peut être encore fort lent.

Mais il est certain que s'il existe de nombreuses variétés de palmiers femelles, elles proviennent de semis dus au hasard ou faits avec intention et qui, soumis à la sélection, ont fourni les sujets actuels. On obtiendra les mêmes résultats en formant de grandes pépinières dont on éliminera les mâles et les variétés inférieures à mesure qu'on pourra les reconnaître. Quant aux mâles, il paraît singulier qu'on n'en signale pas de variétés; cependant il pourrait y en avoir dont les étamines seraient douées d'une plus grande puissance fécondante et c'est ce que des expériences méthodiques pourraient servir à déterminer.

En tout cas, et avec des pépinières, on pourrait jusqu'à un certain point remédier à la pénurie initiale de scions et procéder dans les débuts à des plantations sur une plus grande échelle.

RELATION ENTRE LE DÉVELOPPEMENT DE L'EXPLOITATION ET LA POPULATION DE CULTIVATEURS

Mais, il est d'autre part, bien évident que le développement de l'exploitation ne saurait aller plus vite que ne pourrait s'accroître le nombre nécessaire de cultivateurs acclimatés, et que la loi véritable de ce développement est d'être parallèle au développement de celui-ci. C'est inutilement qu'on aménagerait à l'avance de nombreux hectares, si la main-d'œuvre n'était pas suffisante pour les exploiter, et l'on voit naître ici une fonction du temps, qui fait que les plus grands résultats pourront être, plus ou moins rapidement, mais certainement obtenus avec un capital de premier établissement qui peut être relativement minime.

En l'état des choses, les 2 millions de palmiers de la contrée correspondent à un nombre de 10,000 hectares effectifs d'oasis en plein rapport pour une population d'environ 100,000 habitants, dont 10 0/0 nomades, occupant 15,000 maisons et 4,000 tentes, ces 15,000 maisons représentant une valeur totale de 2.600.000 francs, soit environ 175 francs par maison, ou ce qui s'appelle maison, contenant de cinq à six habitants sédentaires, et ce ne sont certes pas des habitations de luxe. Enfin la production annuelle, qui va en augmentant depuis l'introduction des puits artésiens (1), est actuellement de 14

(1) Elle a sextuplé depuis l'occupation française.

à 15 millions de francs, soit de 14 à 1,500 francs par hectare effectif de palmeraie.

Si donc on se basait sur ces chiffres pour l'estimation de la population nécessaire à l'exploitation, on voit qu'il faudrait en moyenne 3 maisons par 2 hectares, soit de 9 à 10 habitants par hectare. On atteindrait ainsi, dans la nouvelle région d'oasis, une densité de 900 à 1,000 habitants par kilomètre carré, 13 à 14 fois la densité moyenne de la France à raison de 70 habitants par kilomètre carré. Bref, dans la seule région du Meïrir, il faudrait attendre que la population eut atteint 4 à 5 millions d'habitants pour voir en entier exploités les quatre à cinq cent mille hectares dont l'apport moyen de l'ensemble du bassin comporte l'irrigation.

Mais il faut remarquer que, dans son acception propre pour la contrée, oasis est synonyme de jardin, qu'à l'ombre des palmiers leur culture confine à la culture maraîchère pour l'alimentation de la population, et qu'un seul hectare de ces oasis pourrait servir de potager au personnel d'une grande exploitation de culture arborescente, telle qu'il convient seulement à une exploitation en grand et administrée industriellement, où l'on ne doit songer qu'à des cultures simples et de grand rapport, n'exigeant qu'un personnel restreint.

Pour des oasis de grande étendue et exploités en grand, ce n'est qu'accidentellement et pour les besoins intérieurs qu'il peut y avoir lieu d'introduire des cultures accessoires telles que graminées, légumes, arbres à fruits, vignes, herbages, etc., qui conviennent au contraire très bien à la petite propriété. La proportion de la main-d'œuvre est d'ailleurs en raison du travail de l'irrigation.

Ainsi, dans l'Oued Souf qui ne contient en tout que 8 à 900 hectares effectifs de palmeraies, mais une population dépassant 15,000 habitants, on trouve environ 20 habitants à l'hectare. Et cependant les palmiers n'y ont pas besoin d'être arrosés, allant puiser directement leur alimentation dans la nappe inférieure. C'est que l'irrigation des jardins qu'ils abritent doit être faite au moyen de puits ordinaires à bascule qui y sont au nombre de 4,400, ce qui donne 5 à 6 puits à l'hectare.

Lorsqu'on dispose de sources ou de puits artésiens émergeant au-dessus du niveau du sol, le travail se réduit à l'irrigation par les seguias dont les oasis sont sillonnées en tout sens. Chaque propriétaire reçoit, pendant un temps limité, l'eau qu'il retient dans de petits barrages en terre disposés à l'extrémité inférieure de ces canaux. L'heure venue pour le fonds suivant de recevoir l'eau à son tour, les barrages sont renversés et lui livrent passage.

L'irrigation par répandage de l'eau à la surface du sol, c'est-à-dire l'irrigation à découvert et intermittente, peut être avantageusement remplacée, lorsqu'il s'agit de culture arborescente, par l'imbibition continue du sous-sol au moyen de lignes de drains horizontaux, tenus en charge à raison de la quantité d'eau qu'ils doivent émettre de leurs interstices suivant la variation des saisons, et remplaçant ainsi la nappe inférieure des oasis où, faute qu'elle atteigne le niveau du sol, on plante les palmiers dans des trous creusés jusqu'à sa rencontre.

Ce mode d'alimentation des racines convient en particulier à la culture arborescente de palmiers et de cacaoyers, ceux-ci poussant à l'ombre indispensable de ceux-là, comme on le voit au Mexique et au Brésil. Cette culture, à raison de la plus grande richesse propre du rapport de ces deux essences, doit être considérée comme la culture fondamentable de l'exploitation d'Oasis en grand.

Le travail ordinaire de l'irrigation à découvert serait ainsi supprimé et remplacé par un service méthodique, n'exigeant que quelques employés pour régler la charge dans les drains suivant les indications de la température.

Si le travail direct de l'irrigation est supprimé, ou réduit à une faible proportion de culture maraîchère, d'autres soins à donner au sol, aux arbres, aux bestiaux, aux récoltes, etc., occuperont le personnel agricole des Oasis. Dans la moyenne culture de France, on compte une famille de cultivateurs de quatre à cinq personnes par huit à dix hectares. Dans la grande culture, la proportion du personnel agricole à la surface cultivable est bien moindre; à plus forte raison doit-elle être moindre encore pour une exploitation en grand de culture arborescente et, sur le même pied, on obtiendra certainement une limite tout à fait supérieure en estimant à une cinquantaine au plus, par mille hectares d'Oasis, le nombre de familles indigènes, Rouara ou même de souche Berbère, généralement plus nombreuses, nécessaire à leur exploitation en grand.

RACE BERBÈRE

La race Berbère ne laisse pas d'être abondante en Algérie, en Tunisie et en Tripolitaine. Elle est d'origine Libyenne, venant de l'Est, mais la race libyenne venait elle-même de la Libye primitive, occupant dans l'ancienne Gaule la zone entre la Garonne, la Loire et le Rhône dont la rive droite conserve encore le nom de rive libyque. Les Berbères sont donc d'ancienne origine européenne, ce qui peut rendre compte des qualités physiques et morales qui les distinguent des races sémitiques auxquelles ils sont mêlés.

Leur natalité est très puissante, elle donne 199 naissances pour 100 décès, d'après les chiffres relevés par M. Sabatier. Cela correspond à un accroissement annuel de la population de 24,75 par 1,000 et à son doublement en vingt-huit ans (1). Malgré cela et bien que susceptibles de fournir, dès l'origine, un apport important pour la mise en train de l'exploitation, leur multiplication naturelle ne suffirait pas à un développement aussi rapide que le peut comporter la facile utilisation de toute l'eau disponible.

(1) D'après de récents calculs de M. Antony Roulliet portant sur 26 Etats européens, il faut une moyenne de cent ans pour qu'une population double par l'excédant des naissances sur les décès, mais pour la France il faut 334 années !

Mais, comme l'a constaté le général Desvaux, et fait des plus importants, une évolution des plus remarquables dans la constitution de la société arabe a commencé à se produire par la fixation à Oum el Thiour de la fraction des Selmia, les Nomades par excellence. Depuis la conquête de l'Afrique, les grandes tribus arabes avaient conservé avec pureté la langue et les mœurs de leurs ancêtres : rien n'avait pu les faire renoncer aux habitudes de la vie de pasteur. Il a suffi de quelques années de la domination française, de quelques puits artésiens, pour faire brèche à une civilisation séculaire, aux instincts d'une race immuable malgré ses déplacements fréquents.

Le général prévoyait que le développement de la population européenne dans le Tell forcera à restreindre un jour ces émigrations périodiques des nomades qui, traînant à leur suite famille et troupeaux, causent sur leur passage une véritable perturbation. On pourra alors, dit-il, les établir dans les *Oasis nouvelles*.

Mais ce n'est pas l'étendue des Oasis de l'oued Rir', étendue forcément limitée à la puissance de la nappe artésienne, laquelle est loin d'être indéfinie, qui pourrait suffire à l'absorption des nomades devenant, par la force des choses, chaque jour plus gênants et gênés. S'il n'y a pas place suffisante en Algérie pour les recevoir, la question arabe finirait infailliblement par n'avoir d'autre solution que l'exode des nomades et, de fait, les tentatives d'émigration des Beni-Amour vers le Maroc ne sont autre chose que l'effet de la pression croissante, prévue par le général Desvaux, du Tell sur le Sahara.

A ce point de vue, la création des Oasis du Melrir et du Hodna prend une importance de premier ordre et d'une singulière opportunité pour l'avenir politique de l'Algérie. Ce n'est pas par les puits artésiens, d'ailleurs infiniment précieux dans leur sphère restreinte, que la question arabe pourra être résolue, comme il a pu sembler de prime abord. C'est par l'utilisation des colatures pluviales s'évaporant actuellement en pure perte, utilisation à laquelle les régions du Melrir et du Hodna se prêtent seules de la manière la plus favorable, par le reboisement et la correction hydraulique des versants de leurs bassins conjugués, opérations par lesquelles le produit de ces colatures pourra être ultérieurement porté à son maximum, qu'il peut être effectivement praticable de réaliser un approvisionnement d'eau capable de l'alimentation d'une étendue d'Oasis pouvant atteindre de huit cent mille à un million d'hectares.

Sur cette étendue, non-seulement la population entière actuelle Arabe et Berbère de l'Algérie pourrait trouver place, mais elle comporterait d'être habitée par une population bien autrement considérable. L'exploitation en grand convient à la phase d'installation, mais c'est pour arriver finalement à la division du sol, et l'on verrait alors, spectacle inouï, des millions d'anciens nomades devenus de paisibles propriétaires.

Ce n'est pas le lieu d'envisager dans toute leur profondeur les conséquences de cette transformation. Ce qui, du moins est à retenir, c'est que, par la force désormais croissante des choses, ou serrés de plus en plus près, les nomades seront contraints de céder la place, non sans luttes désespérées, ou il se présentera à portée des terres, des plantations, des habitations toutes prêtes à les recevoir, et alors, d'après l'exemple caractéristique des Selmia, qualifiés par le général Desvaux de nomades par excellence, il serait légitime de considérer comme résolu, de la manière la plus heureuse, le problème d'abord obscur du peuplement progressif des nouvelles Oasis par une population acclimatée.

AVANCEMENT SUPPOSÉ DE L'OPÉRATION DANS UNE PREMIÈRE PÉRIODE DE VINGT ANS

On peut maintenant commencer à se faire une idée de la marche progressive que pourrait suivre la création des nouvelles oasis. Bien qu'on ne puisse mettre en doute, d'après la nécessité qui s'impose par ailleurs, avec une urgence croissante, de lui créer un débouché, la certitude de trouver d'abord les éléments de leur exploitation dans la population indigène, ce n'est pas une raison de penser qu'on puisse de suite marcher bien vite dans cette voie. *Natura non fecit saltus*. Il faut du temps pour déterminer un mouvement, du temps pour qu'il se propage. Dans l'espèce en particulier, il convient mieux de se tenir au-dessous de la marche qui paraîtrait la plus probable, parce qu'il vaut mieux suivre le mouvement tel qu'il se produira, que de s'exposer, en dépassant la mesure, à des avances qui pourraient rester plus ou moins longtemps improductives.

C'est pourquoi, bien qu'il s'agisse de centaines de mille hectares qu'on aurait intérêt à créer dans le moindre temps possible, on supposera qu'en partant de seulement un millier d'hectares au début, on n'arriverait encore, comme limite absolument inférieure, qu'à un développement total de 75 à 80 mille hectares dans un délai de vingt ans. Comme cela, on est parfaitement certain de se tenir notablement au-dessous de l'avancement probable de l'opération, notamment à raison de l'afflux de la population qui, dans ce même temps, aurait déjà commencé à s'augmenter sensiblement sur place, et si, dans cette hypothèse, les résultats sont déjà favorables, à plus forte raison le seront-ils avec un avancement en fait plus rapide.

Dans cette manière d'envisager la question, il est entendu que ces premiers mille hectares seraient le début de l'opération totale, commencée ainsi, pour ce qui concerne la région du Melrir, au quatre ou cinq cent millièmes.

ÉTABLISSEMENT DU RÉSERVOIR DU DJEDI-BISKRA PRIS POUR EXEMPLE

Le plus simple semble devoir être de commencer par l'établissement ou du moins l'amorce de l'établissement d'un premier réservoir. Diverses circonstances locales font présumer qu'il serait peut-être préférable de commencer par celui du bassin de l'Oued El Arab qui commande la riche zone d'El Fayd et qui coûterait peut-être moins à amorcer. Mais il peut se faire aussi qu'on trouvera de l'avantage, sinon à mener plusieurs réservoirs de front, du moins à en engager successivement la construction avant que les précédents soient complètement achevés, parce que le rapport de l'accroissement de dépense de l'exhaussement des levées à l'accroissement de la surface desservie croît avec la hauteur de celles-ci. Il y aurait ainsi une moindre dépense initiale pour un même accroissement total de la surface desservie en la répartissant entre plusieurs réservoirs successivement entrepris.

Si donc on choisit, comme exemple d'application, uniquement le réservoir qui, par la plus grande importance de sa capacité et la sujétion de son emplacement sur un terrain en pente, doit coûter le plus à toute période de son établissement, qu'on suppose le développement de la surface desservie uniquement lié à celui de l'exhaussement de ses levées, on se placera dans les conditions de l'estimation d'une limite supérieure de la dépense initiale pour la mise en train de l'opération totale. Si, encore, les résultats correspondant à la considération de cette limite sont trouvés profitables, à plus forte raison aussi le seraient-ils avec une dépense initiale moindre en fait.

Le réservoir qui doit l'emporter de beaucoup par la grandeur de sa capacité et le grand développement de son enceinte de levées, par suite de sa position en plaine inclinée de $3^m,50$ par kilomètre, est celui qui doit emmagasiner, sous Biskra, les apports réunis du bassin de l'Oued Djedi et de l'Oued Biskra. C'est donc celui qu'il convient de choisir comme exemple d'application.

Prenant l'origine du temps au moment où l'on commencerait à mettre la main à l'œuvre, on supposera que les deux premières années soient employées à amorcer le réservoir, de forme rectangulaire sur terrain en pente, en donnant d'abord une hauteur de 6^m à la levée transversale qui le termine à l'aval et prolongeant à l'amont les levées latérales jusqu'au point où leur niveau coupe le sol. L'objet de ce travail, exécuté par les moyens ordinaires de terrassement, est de former un premier degré de retenue dans laquelle il y ait assez de profondeur d'eau pour permettre le fonctionnement de dragues, à partir de quoi le travail de l'exhaussement progressif des levées serait opéré au moyen de draguages puisés à l'intérieur et rejetés sur leur crête.

A ce premier degré, la capacité de la retenue serait déjà suffisante pour assurer régulièrement l'alimentation d'eau de plus d'un millier d'hectares. Si donc, au cours des deux premières années, on a commencé l'aménagement d'un premier millier d'hectares, ce premier millier pourra être planté dès la troisième année.

Pendant cette troisième année, on exhaussera le niveau des levées et on continuera l'aménagement du sol pour le nombre d'hectares qui seront à planter la quatrième année, et ainsi de suite, l'exhaussement des levées et la préparation du sol devant précéder la plantation en proportion de l'étendue à planter chaque année.

CONSOMMATION D'EAU PAR HECTARE

On sait que l'alimentation des palmiers exige en moyenne 11,500 à 12,000 litres par an, ce qui à deux cents palmiers par hectare fait 2,400 mètres cubes d'eau par hectare et par an. Quant à la quantité nécessaire à l'alimentation des arbustes sous-jacents elle doit naturellement être moindre. Mais il faut tenir compte de l'évaporation, à la surface du sol, de l'humidité qui y remonte par capillarité. Le sable du désert qui s'échauffe et se refroidit plus que l'air, conserve néanmoins à quelques décimètres une certaine fraîcheur favorable aux plantes désertiques. A l'ombre des palmiers l'évaporation du sol est bien moins intense, les végétaux et arbustes n'y étant point grillés comme en plein soleil, et la fraîcheur doit se maintenir à une profondeur plus faible. On en conclut que si pour l'alimentation des seuls palmiers, il suffit de 2,400ᵐ cubes par hectare et par an, c'est à peine si cette quantité aurait besoin d'être doublée pour suffire à l'ensemble, et l'on peut adopter comme limite supérieure le chiffre de 5,000ᵐ cubes par hectare.

Bien entendu, il s'agit d'hectares de culture arborescente, pouvant produire en moyenne, palmiers et cacaoyers ensemble, un revenu de par exemple 2,000 francs l'an. Si l'on introduit, dans une proportion qui ne soit plus négligeable, d'autres cultures exigeant une plus grande quantité d'eau, le nombre d'hectares à desservir avec une quantité d'eau donnée en sera diminué. Mais si on le fait, ce doit être à la condition que le produit final en reste au moins équivalent, sans quoi il n'y aurait pas avantage à cette introduction.

DÉPENSE D'ÉTABLISSEMENT DES OASIS PAR HECTARE

Quant à la dépense d'aménagement du sol pour de nouvelles oasis, elle est revenue pour celles de l'Oued Rir', d'après le chiffre de M. Rolland, à 10 francs par palmier, soit à 2,000 francs l'hectare effectif de 200 palmiers, tout compris, du défrichement aux habitations pour les cultivateurs et les employés. Mais il s'agissait d'un sol vierge et parfois rocheux, ce qui n'existe pas dans la région généralement d'alluvion du Melrir. Un autre élément, avec l'écoulement continu des puits artésiens, est la nécessité, pour l'évacuation des colatures, de tout un réseau de fossés, assez rapprochés et assez profonds, au travers des plantations, et de collecteurs poussés jusqu'à des chotts suffisamment écartés. Cet élément n'existe pas avec des réservoirs dont l'écoulement est strictement réglé sur les besoins de la consommation. On peut donc estimer que l'aménagement du sol sera notablement plus économique dans la région du Melrir. Mais ici encore, si en adoptant le chiffre de 2,000 francs et même de 3,000 francs pour les premiers mille hectares, afin de tenir compte des frais de mise en train, et en bloquant par anticipation toutes les dépenses dans la préparation du sol, on obtient des résultats satisfaisants, à plus forte raison le seront-ils avec un aménagement plus économique.

MARCHE APPROXIMATIVE DE L'AVANCEMENT AU COURS DES VINGT PREMIÈRES ANNÉES

En s'appuyant sur les considérations qui viennent d'être exposées, avec adoption de limites supérieures pour le temps et pour les dépenses, estimant en raison des moyens d'action, croissant naturellement avec le temps, l'accélération probable du mouvement pour atteindre un développement de l'exploitation de 75 à 80 mille hectares dans une première période d'une vingtaine d'années, on obtient :

Cadre approximatif du développement de l'opération pendant les vingt premières années

ANNÉES	Hectares préparés par année	Dépense de préparation et plantation	Hectares plantés par année	Nombre total d'hectares plantés	Consommation d'eau correspondante
1re } 2e }	1.000 h.	3.000.000 f.	»	»	»
3e	1.200	2.400.000	1.000 h.	1.000 h.	5.000.000m3
4e	1.400	2.800.000	1.200	2.200	11.000.000
5e	1.600	3.200.000	1.400	3.600	18.000.000
6e	1.800	3.600.000	1.600	5.200	26.000.000
7e	2.000	4.000.000	1.800	7.000	35.000.000
8e	2.500	5.000.000	2.000	9.000	45.000.000
9e	3.000	6.000.000	2.500	11.500	57.500.000
10e	3.500	7.000.000	3.000	14.500	72.500.000
11e	4.000	8.000.000	3.500	18.000	90.000.000
12e	4.500	9.000.000	4.000	22.000	110.000.000
13e	5.000	10.000.000	4.500	26.500	132.500.000
14e	5.500	11.000.000	5.000	31.500	157.500.000
15e	6.000	12.000.000	5.500	37.000	185.000.000
16e	7.000	14.000.000	6.000	43.000	225.000.000
17e	8.000	16.000.000	7.000	50.000	250.000.000
18e	10.000	20.000.000	8.000	58.000	290.000.000
19e	12.000	24.000.000	10.000	68.000	340.000.000
20e	»	»	12.000	80.000	400.000.000

EXHAUSSEMENT PROGRESSIF DU RÉSERVOIR

L'exhaussement des levées du réservoir doit marcher parallèlement à l'accroissement de la quantité d'eau à fournir à mesure que l'exploitation se développe.

Dans la détermination de la capacité correspondante du réservoir, il faut tenir compte du rapport de cette capacité à l'apport moyen, afin d'assurer la permanence du service de la fourniture d'eau, indépendamment des variations de l'apport effectif, suivant que les années se succèdent plus ou moins sèches ou pluvieuses.

Cette considération n'a pas grande importance tant que la quantité d'eau à fournir est faible relativement à l'apport qui doit alimenter le réservoir dont alors les levées n'atteignent encore qu'une faible hauteur. Elle en prend à mesure que la consommation tend à se rapprocher de l'apport moyen, car alors il importe de plus en plus d'éviter de perdre de l'eau par les trop pleins, à raison d'insuffisance de la capacité du réservoir.

C'est ainsi que le réservoir pris pour exemple devant être d'abord alimenté par le seul apport de l'Oued Biskra, puis par celui de l'Oued Djedi, il importe, avant de commencer à introduire celui-ci, d'avoir d'abord porté l'accroissement de la capacité du réservoir jusqu'à l'utilisation complète de celui-là.

Le rapport, de la capacité à donner au réservoir à l'apport moyen, n'est pas le même pour ces deux Oued dont les régimes sont différents. On pourrait à la rigueur tenir compte de leur différence dans la marche de l'exhaussement des levées. Ce sera à examiner plus tard. Si donc, pour le calcul, on prend la plus grande valeur de ce rapport qui est du double environ de l'apport moyen et conduit à une capacité plus grande, on aura ici encore une limite supérieure de la dépense, quant à ce qui concerne l'exhaussement progressif des levées.

INFLUENCE DE L'ÉVAPORATION A LA SURFACE DU RÉSERVOIR

Une autre considération dont il importe de tenir compte est celle de l'évaporation à la surface du réservoir.

Cette évaporation, déduction faite de la quantité de pluie, est représentée par une tranche sensiblement constante d'environ 2m par an. On conçoit que si la profondeur d'eau est faible, le rapport du volume enlevé par l'évaporation au volume admis puisse être très grand, même que celui-ci puisse être entièrement absorbé, tandis que ce rapport diminue à mesure que la profondeur augmente. Il faut donc distinguer le volume admis, ou admissible, du volume utile qui reste en sus de l'évaporation, et c'est ce dernier volume qu'il faut égaler au volume à fournir.

CAPACITÉ PROGRESSIVE DU RÉSERVOIR

Le calcul pourrait être fait directement ; mais si l'on prend la hauteur de levée ζ comme variable indépendante, on obtient de mètre en mètre, depuis 6 jusqu'à 32m :

Capacité progressive du Réservoir

Hauteur de levée ζ	Volume admissible A	Volume utile A_u	Perte par évaporation	Nombre correspondant d'hectares irrigables	Époque de l'exhaussement correspondant au volume à fournir	
—	—	—	—	—	—	
6m	17.453.000m3	7.757.000m3	56 %	1.551 h.	1re année — 2e —	$\zeta = 6^m$
7	23.761.000	12.120.000	49	2.424	3e —	$\zeta = 7$
8	31.027.000	17.453.000	44	3.491	»	»
9	39.169.000	23.761.000	40	4.752	4e —	$\zeta = 9$
10	48.480.000	31.027.000	36	6.205	5e —	$\zeta = 10$
11	58.660.000	39.269.000	33	7.856	6e —	$\zeta = 11$
12	69.811.000	48.480.000	30	9.696	7e —	$\zeta = 12$
13	81.930.000	58.660.000	28	11.732	8e —	$\zeta = 13$
14	95.021.000	69.811.000	27	13.962	»	»
15	109.080.000	81.930.000	25	16.386	9e —	$\zeta = 15$

Hauteur de levée ζ	Volume admissible A	Volume utile A_u	Perte par évaporation	Nombre correspondant d'hectares irrigables	Époque de l'exhaussement correspondant au volume à fournir	
—	—	—	—	—	—	
16m	124.110.000m3	95.021.000m3	23 %	19.004 h.	10e année	$\zeta = 16$
17	140.110.000	109.080.000	22	21.816	»	»
18	157.070.000	124.110.000	21	24.822	11e —	$\zeta = 18$
19	175.010.000	140.110.000	20	28.022	12e —	$\zeta = 19$
20	193.920.000	157.070.000	19	31.414	»	»
21	213.800.000	175.010.000	18	35.002	13e —	$\zeta = 21$
22	234.640.000	193.920.000	17	37.744	14e —	$\zeta = 22$
23	256.460.000	213.800.000	17	42.760	»	»
24	279.240.000	234.640.000	16	46.028	15e —	$\zeta = 24$
25	303.000.000	256.460.000	15	51.292	16e —	$\zeta = 25$
26	327.720.000	279.240.000	15	55.848	»	»
27	353.410.000	303.000.000	14	60.600	17e —	$\zeta = 27$
28	380.080.000	327.720.000	14	65.544	»	»
29	407.730.000	353.410.000	13	70.642	18e —	$\zeta = 29$
30	436.320.000	380.080.000	13	76.016	»	»
31	476.740.000	407.730.000	12	81.546	19e —	$\zeta = 31$
32	496.430.000	436.320.000	12	87.264	»	»

etc., etc.

On voit par ce tableau que lorsque la hauteur de levée aura atteint 21m, le volume admissible sera de 213,800,000 mètres cubes, équivalant à l'apport moyen de 212,000,000m3 de l'Oued Biskra et que de cet apport, dans l'état présent du réservoir, il pourra être utilisé environ 175,000,000m3 pour 35,000 hectares. Si l'on se reporte à la marche approximative adoptée pour le développement de l'opération, on voit que cela pourrait avoir lieu entre la 14e et la 15e année de sa mise en train. Il faudrait donc, dès la 14e année, avoir préparé et commencé l'introduction de l'Oued Djedi pour subvenir à la fourniture d'eau de la 15e année et des suivantes.

Les exhaussements de 21 à 31m, opérés de la 14e à la 19e année pour subvenir à la fourniture d'eau de la 20e, porteraient le volume admissible de 213,800,000 à 476,740,000m3 dont 264,740,000 provenant alors de l'apport de l'Oued Djedi. Ce dernier apport étant de l'ordre moyen de 1 milliard de mètres cubes, il n'en serait utilisé, d'après la marche supposée, qu'un peu plus d'un quart à la 20e année, et l'opération que comporte l'établissement du réservoir, calculé pour l'emmagasinement rationnel d'un apport moyen total de 1,212 millions de mètres cubes, assurant à la hauteur de levée de 50m, pour laquelle l'évaporation à déduire est abaissée à 8 0/0, la fourniture d'eau régulière de 220,000 hectares, ne serait elle-même encore parvenue qu'à un peu plus du tiers, aux 36/100 de son développement total.

DÉPENSE ANNUELLE D'ÉTABLISSEMENT DU RÉSERVOIR

Connaissant la hauteur de levée, c'est-à-dire la cote ζ par rapport à l'aval du réservoir, à laquelle le niveau du couronnement des levées doit être porté d'année en année, suivant la marche supposée du développement de l'exploitation, il est facile d'en déduire la dépense annuelle de l'exhaussement.

L'accroissement annuel du cube est égal à la différence du cube total, fonction de ζ, atteint dans l'année pour l'ensemble de l'enceinte, avec le cube total de l'année précédente pour la valeur correspondante de ζ.

L'enceinte initiale, ou le premier degré de l'enceinte à la cote $\zeta = 6^{m}$, doit être exécutée par les moyens ordinaires de terrassement à un prix moyen devant ressortir à moins de 0 fr. 50 le mètre cube.

Les exhaussements successifs de l'enceinte doivent ensuite être uniquement opérés au moyen de dragages revenant à 0 fr. 10 le mètre cube versé dans les chalands, 0 fr. 02 par kilomètre de distance de transport, et au plus 0 fr. 10 pour la reprise dans les chalands, et le reversement sur la crête de l'enceinte.

Le niveau de l'affleurement de l'eau sur le terrain du réservoir étant variable et la distance du transport devant être la plus grande pour la levée transversale à l'aval, dont le cube est prépondérant, la distance moyenne de transport, en fonction de ζ et de la pente i du terrain, est au plus égale à $\frac{2}{3}\frac{\zeta}{i}$, soit, en prenant $i = 0,0035$, et en nombre rond, à au plus 200 ζ. On en conclut :

Dépense annuelle d'établissement du réservoir

Années	Hauteur de levée ζ	Cube de l'enceinte	Accroissement du cube par an	Distance moyenne de transport	Prix du mètre cube	Dépense d'établissement par an
						Terrassement
1re année / 2e —	6m	731.000m3	»	»	0 50 =	365.500
						Draguage
3e —	7	962.000	231.000m3	1k4	0 23	53.130
4e —	9	1.532.000	570.000	1.8	0 24	102.600
5e —	10	1.875.000	343.000	2.0	0 24	82.320
6e —	11	2.259.000	384.000	2.2	0 24	92.160
7e —	12	2.686.000	427.000	2.4	0 25	106.750
8e —	13	3.160.000	474.000	2.6	0 25	118.500
9e —	15	4.237.000	1.077.000	3.0	0 26	280.020
10e —	16	4.851.000	614.000	3.0	0 26	160.640
11e —	18	6.233.000	1.382.000	3.6	0 27	373.140
12e —	19	7.005.000	772.000	3.8	0 28	216.160
13e —	21	8.720.000	1.175.000	4.2	0 28	480.200
14e —	22	9.666.000	940.000	4.4	0 29	274.340
15e —	24	11.744.000	2.078.000	4.8	0 30	623.400
16e —	25	12.880.000	1.136.000	5.0	0 30	340.800
17e —	27	15.352.000	4.472.000	5.4	0 31	766.320
18e —	29	18.104.000	2.752.000	5.8	0 32	880.640
19e —	31	21.150.000	3.046.000	6.2	0 32	974.720
20e —	»	»	»	»	»	»

PRODUIT DES PALMIERS

Le palmier planté en scions (*maghrousa*), commence à produire vers l'âge de trois à cinq ans, suivant la qualité du terrain. Il vient d'ailleurs dans les sols les plus ingrats, gypseux et même légèrement salifères, pourvu qu'il ait de l'eau même de médiocre qualité. Mais il produit le plus dans les terrains d'alluvions riches, où il n'est pas rare de rencontrer des arbres privilégiés qui donnent en fruits la charge d'un chameau, soit environ 200 kilogrammes. Enfin, la qualité du fruit, sa richesse en sucre et sa saveur sont liées à la sécheresse normale de l'atmosphère, le palmier ne s'accommodant pas des conditions de climat des régions maritimes.

Les conditions de fertilité propre du sol, pour la quantité, et de la sécheresse propre du climat, pour la qualité, sont d'une manière générale admirablement réunies dans la région du Melrir, qui convient naturellement le mieux pour les débuts de l'opération. Selon toute probabilité, la production des dattes y sera plus hâtive, plus abondante que dans des terrains moins favorisés, et de qualité non moins supérieure, ce qui, d'ailleurs, dépend beaucoup du choix des plants.

Le plus généralement, le palmier qui peut commencer à produire trois ans après qu'il a été planté, ne devient d'un bon rapport qu'au bout de huit ans. Il produit surtout de dix à soixante ans, et il vit plus de cent ans. Mais on n'attend pas que le palmier soit tout à fait vieux pour le remplacer, sa production suit donc une loi de croissance et de décroissance avec un maximum sensiblement stationnaire de trente ou quarante ans à soixante.

Il est probable, qu'au Melrir, la partie ascendante de la courbe de production s'élèvera plus rapidement que dans la moyenne. Mais dans la première période de vingt ans que l'on considère, à partir de la mise en train de l'opération, et au bout de laquelle les premiers palmiers plantés n'auront encore atteint que l'âge de douze à treize ans, ceux-ci, à plus forte raison les suivants, n'auront pas encore atteint celui de ce qu'on peut appeler le régime à peu près uniforme de production. Ils seront tous encore dans la période de production croissante.

D'après les résultats croissants des nouvelles oasis de l'Oued Rir', la progression de la production de jeunes palmiers, de cinq à six ans, serait d'environ 1 franc par pied. On ignore quelle sera ultérieurement la loi de cette progression. En tout cas, elle ne peut décroître bien rapidement dans une courte période de dix à douze ans. Si l'on suppose cette progression uniforme et en moyenne de 0 fr. 50 par pied et par an, qu'on l'applique également aux palmiers du Melrir, qu'on y néglige la probabilité d'une production plus précoce et qu'on parte d'une production de seulement 4 fr. 50 par pied à la cinquième année, ou il faudrait renoncer à toute évaluation plausible, ou l'on a les meilleures raisons de penser qu'on obtiendra ainsi une véritable limite inférieure de la production probable.

Dans cette supposition, les premiers 1,000 hectares, plantés la troisième année de la mise en train de l'opération, commenceront la septième année à produire 1,000 h. × 200 p. × 4 fr. 50 = 900,000 francs. L'année suivante, le produit sera de 1,000 h. × 200 p. × 5 fr. = 1,000,000 de francs et ainsi de suite en croissant de 100,000 francs par an jusqu'à la vingtième année.

Les 1,200 hectares plantés la quatrième année, produiront la huitième, 1,200 h. × 200 p. × 4 fr. 50 = 1,080,000 francs; la neuvième, 1,200 h. × 200 p. × 5 fr. = 1,200,000 francs, et ces produits s'ajouteront à ceux de huitième et neuvième années des premiers 1,000 hectares précédents.

La loi de l'accroissement de produit par année étant évidente à raison de l'entrée successive en ligne du produit des hectares plantés les années précédentes, et observant que les cacaoyers, associés aux palmiers, à l'ombre desquels ils ont été plantés, entrent à leur tour en ligne avec un produit pour le moins équivalent, on obtient :

Produit des Palmiers et des Cacaoyers

Années de la mise en train	Nombre d'hectares en production	Produit des Palmiers	Produit des Cacaoyers	Produit total
7e année	1.000 h.	900.000 fr.	»	900.000 fr.
8e —	1.200	2.800.000	»	2.080.000
9e —	1.400	3.560.000	»	3.560.000
10e —	1.600	5.360.000	»	5.360.000
11e —	1.800	7.600.000	900.000 fr.	8.500.000
12e —	2.000	10.100.000	2.800.000	12.900.000

Années de la mise en train	Nombre d'hectares en production	Produit des Palmiers	Produit des Cacaoyers	Produit total
—	—	—	—	—
13e année	2.500 h.	13.250.000 fr.	3.560.000 fr.	16.810.000 fr.
14e —	3.000	17.100.000	5.360.000	22.460.000
15e —	3.500	21.700.000	7.600.000	•
16e —	4.000	27.100.000	10.100.000	27.200.000
17e —	4.500	33.350.000	13.250.000	46.600.000
18e —	5.000	40.500.000	17.100.000	57.600.000
19e —	5.500	48.600.000	21.900.000	70.300.000
20e —	6.000	57.900.000	27.100.000	85.510.000

CHEMIN DE FER ANNEXE

L'objectif, l'idée mère de la création de grandes oasis dans les régions du Hodna, du Melrir et, plus loin, du Gassi Mokhanza, considérée comme opération d'ensemble, a été qu'une fois amorcée, l'opération pourrait non seulement se développer d'elle-même par l'excédant de ses produits sur ses dépenses, mais en même temps, par le même moyen, permettre de résoudre le grand problème de la pénétration du Soudan et de l'Afrique centrale, dont sa ligne principale, de Djidjeli à El Biod, reliant naturellement ces régions d'oasis, se présente naturellement aussi comme la première étape.

Mais, pour le moment, on peut seulement songer à amorcer cette ligne et ses embranchements locaux en se bornant aux parties qui peuvent être immédiatement productives.

Il s'agit d'une ligne perpendiculaire à la mer et l'on sait que, d'une manière générale, de telles lignes produisent en Algérie une recette moyenne de quinze mille francs par kilomètre. Mais cela ne saurait s'appliquer qu'au plus aux deux cents premiers kilomètres, de Djidjeli à Barika, desservant de riches contrées telles que la région de Sétif, comprenant dans son rayon le Ferdjioua et les plateaux de Saint-Arnaud, et le Hodna qu'il faudrait desservir par un embranchement dirigé sur Msila et Bou-Saada.

Les deux cents kilomètres suivants mènent de Barika à Mraïer à l'entrée de l'Oued Rir et il faudrait en détacher un embranchement de Biskra pour desservir la région du Melrir, en particulier le bassin de l'Oued El Arab, et aller rejoindre à Nefta la ligne tunisienne en cours d'exécution des oasis du Djerid, donnant ainsi à la région du Melrir un débouché avantageux sur le golfe de Gabès.

Plus loin, c'est le désert.

Mais pourvu que, présentement, on ne dépasse pas Mraïer sur la ligne principale, ni l'Oued El Arab sur l'embranchement du Melrir, on sera assuré d'un trafic immédiatement suffisant.

A Mraïer, en effet, on est sûr de recueillir de suite le trafic convergent de l'Oued Rir, de l'Oued Souf, d'Ouargla et même du Mzab, en lui épargnant le trajet de cent kilomètres en caravane de Mraïer à Biskra. Ce trafic ne laisse pas d'avoir son importance. En 1880, la statistique de M. Jus le portait à environ 20,000 tonnes. Depuis et notamment dans l'Oued Rir, il s'étend rapidement par l'accroissement de la population et la création de nouvelles oasis avec puits artésiens.

A l'Oued El Arab, où il paraît probable que la création des oasis du Melrir pourra débuter de préférence, un embranchement d'environ 100 kilomètres est immédiatement nécessaire pour l'approvisionnement des travaux et du personnel qui y sera occupé. En tout cas il desservirait le trafic actuel, du Zab-Chergui et des versants de l'Aurès jusqu'à Ferkane et Negrine, qui ne laisse pas non plus d'avoir quelque importance.

Si l'on ajoute la portion du trafic du Zab central et des Zibans qui aura plutôt intérêt à se diriger vers Sétif que vers Constantine, et en tenant compte de ce que les sections de Barika à Mraïer et à l'Oued El Arab desserviraient de près ou de loin une population actuelle d'environ 100,000 habitants, cela correspond pour le moins à de cinq à six mille francs par kilomètre.

En résumé, en se bornant au strict nécessaire pour le début et comme, bien entendu, ce n'est pas de chemins luxueux qu'il saurait d'abord s'agir, mais de lignes économiques sur le type de pénétration à la voie de 0m,67 à 0m,75 au plus, rendant d'ailleurs identiquement les mêmes services à moins de frais, l'ensemble d'environ 600 kilomètres se composerait et coûterait, savoir :

		Kil.	Fr.	Fr.
Ligne principale..	de Djidjeli à Sétif,...........	114	à 60.000	7.080.000
	de Sétif à Barika.............	120	à 50.000	6.000.000
	de Barika à Biskra	90	à 45.000	4.050.000
	de Biskra à Mraïer...........	100	à 40.000	4.000.000
Embranchements.	du Hodna jusqu'à Msila.......	60	à 45.000	2.700.000
	du Melrir jusqu'à l'O. El Arab.	100	à 40.000	4.000.000
—	du Bordj El Messif (Hodna)..	mémoire.		
—	d'El Amri (Zibans)..........			
		588		27.830.000

soit, en nombres ronds, 600 kilomètres pour une dépense de 30 millions.

Cet ensemble serait aisément construit en trois ans, à raison d'une moyenne de 10 millions par an, et livré en entier à l'exploitation à partir de la 4e année, coïncidant avec la 4e de la mise en train des oasis.

On se rend aisément compte qu'il suffirait pendant longtemps, peut-être jusqu'à la 20e année, de quatre trains mixtes par jour dans les deux sens, deux sur la grande ligne et un partant ou à destination des têtes provisoires de chacun des deux embranchements, la charge de ces trains pouvant moyennement varier de 30 à 60 tonnes sans variation sensible des frais courants d'exploitation.

Le service ainsi constitué donnerait lieu à un parcours annuel de 1,500,000 kilomètres des trains, coûtant en frais généraux et d'exploitation 2,400,000 fr. à raison de 1 fr. 60 par kilomètre de parcours, soit 4,000 francs par kilomètre de ligne.

La capacité actuelle de recette kilométrique étant de 15 à 16,000 francs pour la zone des 200 premiers kilomètres de la ligne principale et de 5 à 6,000 francs pour celle des 200 autres, la recette moyenne pour l'ensemble serait donc d'entre 10,000 à 11,000 fr. et le produit net d'entre 6 à 7,000 francs par kilomètre.

Cela représente pour l'ensemble un produit total d'entre 3,500,000 fr. à 4,000,000 de francs en puissance d'être à bref délai. Si l on admet, comme à peu près communément, qu'il faille quatre ou cinq ans pour atteindre le niveau de trafic que comporte actuellement un chemin de fer et que dans cet intervalle l'accroissement de la recette soit du simple au double, cela revient ici à partir d'un produit net de 2 millions et à l'augmenter successivement de 500,000 francs d'année en année.

Mais lorsqu'on sera ainsi arrivé au niveau que comporterait l'état actuel, c'est-à-dire vers la neuvième ou dixième année de la mise en train de l'exploitation des oasis, les circonstances du trafic auront déjà bien changé. Par l'effet même de cette mise en train et du mouvement de choses et de personnes qu'elle entraînerait, l'écart entre les recettes kilométriques des deux sections du réseau tendra rapidement à diminuer et l'accroissement de la moyenne générale dépassera le rapport déduit de la différence actuelle. Cela se continuera en croissant avec le produit des oasis et, pour en tenir compte, il y a lieu d'admettre que l'accroissement de 500,000 francs du produit du chemin de fer se continuera, au moins de même, d'année en année jusqu'à la vingtième.

Cette dernière détermination achève de compléter les éléments du décompte qu'on s'est proposé d'établir pour les vingt premières années à partir de la mise en train de l'opération et dont les résultats sont consignés dans le tableau qui suit.

DÉCOMPTE APPROXIMATIF

DES DÉPENSES ANNUELLES D'ÉTABLISSEMENT

ET

DES PRODUITS ANNUELS DE L'EXPLOITATION

Suivant l'hypothèse admise pour le développement progressif de l'opération pendant les vingt premières années

---

TABLEAU DU DÉCOMPTE

	Dépenses annuelles d'établissement — Par nature (1)		Ensemble	Montant du capital mis en œuvre (2)	Intérêt dudit capital (3)	Produits annuels — Ch. de fer (4)	Palmiers (5)	Cacaoyers (6)	Total (7)	Excédents disponibles — Par année (8)	Accumulés en principal (9)
nnée - -	Réservoir (terrassements).. Chemin de fer... .... Oasis, 500 h. à 3,000 fr.....	183,000 10,000,000 1,500,000	11,683,000	11,683,000	584,150	»	»	»	»	»	»
nnée - -	Réservoir (terrassements).. Chemin de fer...... ..... Oasis, 500 h. à 3,000 fr....	182,000 10,000,000 1,500,000	11,682,000	23,366,000	1,168,300	»	»	»	»	»	»
nnée - -	Réservoir (draguages)..... Chemin de fer..... .... Oasis, 1,200 h. à 2,000 fr...	53,000 10,000,000 2,400,000	12,453,000	35,810,000	1,790,450	»	»	»	»	»	»
nnée -	Réservoir.... .... Oasis, 1,400 h.............	103,000 2,800,000	2,903,000	38,722,000	1,936,100 − 2,000,000 − 63,900	2,000,000	»	»	2,000,000	»	»
nnée -	Réservoir.... .... Oasis, 1,600 h.............	82,000 3,200,000	3,282,000 − 64,000 + 3,218,000	41,940,000	2,097,000 − 2,500,000 − 403,000	2,500,000	»	»	2,500,000	»	»
nnée -	Réservoir...... .... Oasis, 1,800 h.............	92,000 3,600,000	3,692,000 − 403,000 + 3,289,000	45,229,000	2,261,450 − 3,000,000 − 738,550	3,000,000	»	»	3,000,000	»	»
nnée -	Réservoir.................. Oasis, 2,000 h.............	107,000 4,000,000	4,107,000 − 739,000 + 3,368,000	48,597,000	2,429,850 − 4,400,000 − 1,970,150	3,500,000	900,000	»	4,400,000	»	»
nnée -	Réservoir.................. Oasis, 2,500 h.............	110,000 5,000,000	5,110,000 − 1,970,000 + 3,140,000	51,740,000	2,587,300 − 6,050,000 − 3,462,700	4,000,000	2,050,000	»	6,050,000	»	»
nnée -	Réservoir.................. Oasis, 3,000 h.............	280,000 6,000,000	6,280,000 − 3,493,000 + 2,787,000	54,533,000	2,226,650 − 8,060,000 − 5,833,350	4,500,000	3,560,000	»	8,060,000	»	»
nnée -	Réservoir.................. Oasis, 3,500 h.............	161,000 7,000,000	7,161,000 − 5,833,000 + 1,328,000	55,861,000	2,793,050 − 10,300,000 − 7,507,000	5,000,000	5,300,000	»	10,300,000	»	»
nnée -	Réservoir.................. Oasis, 4,000 h.............	373,000 8,000,000	8,373,000 − 7,507,000 + 866,000	56,667,000	2,833,350 − 14,000,000 − 11,167,000	5,500,000	7,600,000	900,000	14,000,000	»	»
nnée - -	Réservoir.................. Oasis, 4,500 h............. Oued-Djedi......	216,000 9,000,000 100,000	9,316,000 − 11,167,000 − 1,851,000	Id.	2,833,350 − 18,180,000 − 15,347,000	6,000,000	10,100,000	2,080,000	18,180,000	1,851,000	1,851,000
nnée -	Réservoir.................. Oasis, 5,000 h.............	480,000 10,000,000	10,480,000 − 15,347,000 − 4,867,000	Id.	2,833,350 − 23,310,000 − 20,477,000	6,500,000	13,250,000	3,500,000	23,310,000	4,867,000	6,718,000
nnée -	Réservoir.......... ... . Oasis, 5,500 h.............	274,000 11,000,000	11,274,000 − 20,477,000 − 9,203,000	Id.	2,833,350 − 29,460,000 − 26,627,000	7,000,000	17,100,000	5,360,000	29,460,000	9,203,000	15,921,000
nnée -	Réservoir........... .... Oasis, 6,000 h.............	623,000 12,000,000	12,623,000 − 26,627,000 − 14,004,000	Id.	2,833,350 − 36,800,000 − 33,967,000	7,500,000	21,700,000	7,600,000	36,800,000	14,004,000	29,925,000
nnée -	Réservoir..... .... Oasis, 7,000 h.............	311,000 14,000,000	14,311,000 − 33,937,000 − 19,626,000	Id.	2,833,350 − 45,200,000 − 42,367,000	8,000,000	27,100,000	10,100,000	45,200,000	19,626,000	49,551,000
nnée -	Réservoir.................. Oasis, 8,000 h.............	766,000 16,000,000	16,766,000 − 42,367,000 − 25,601,000	Id.	2,833,350 − 55,100,000 − 52,267,000	8,500,000	33,350,000	13,250,000	55,100,000	25,601,000	75,152,000
nnée -	Réservoir.................. Oasis, 10,000 h............	881,000 20,000,000	20,881,000 − 52,267,000 − 31,386,000	Id.	2,833,350 − 66,600,000 − 63,767,000	9,000,000	40,500,000	17,100,000	66,600,000	31,386,000	106,538,000
nnée -	Réservoir.................. Oasis, 12,000 h............	975,000 24,000,000	24,975,000 − 63,767,000 − 38,792,000	Id.	2,833,350 − 79,800,000 − 76,967,000	9,500,000	48,600,000	21,700,000	79,800,000	38,792,000	145,330,000
nnée -	» »	» »	» − 76,967,000 − 76,967,000	Id.	2,833,350 − 95,000,000 − 92,167,000	10,000,000	57,900,000	27,100,000	95,000,000	76,967,000	222,297,000

CONCLUSIONS

Selon le mode de confection de ce tableau, le produit obtenu col. 7, dès qu'il naît, est d'abord porté col. 3 en déduction du montant d'intérêts à servir la même année. S'il y a reliquat, et cela arrive ici dès la quatrième année par l'introduction des premiers produits du chemin de fer, ce reliquat est porté col. 1 en déduction de la dépense de l'année suivante et diminue d'autant le montant du capital à mettre en œuvre. Enfin lorsque ce reliquat devient lui-même supérieur à la dépense à faire l'année suivante, le montant du capital à mettre en œuvre cesse de s'accroître, le produit de l'opération suffisant dès lors, non seulement à son propre développement, mais laissant en outre, en sus des intérêts du capital, un excédant disponible porté à la col. 8.

Ce dernier résultat, de la plus haute importance, commencerait à être obtenu dès la douzième année et irait en croissant rapidement. Si l'on veut bien se rappeler que le développement de l'exploitation est nécessairement fonction du développement de la population, que disposait-on de capitaux indéfinis pour l'aménagement préalable des eaux et du sol, pour autant on n'en marcherait pas plus vite, on reconnaîtra, d'autre part, qu'il n'est pas non plus nécessaire d'une population bien nombreuse et qu'il suffit d'un nombre bien au-dessous de la population présentement disponible pour obtenir bientôt des résultats d'un ordre en soi considérable. Dès lors, sans que la création d'oasis cesse de se développer comme l'afflux de la population le comportera, la voie sera simultanément ouverte, et au reboisement des versants dénudés de l'Atlas-Chergui, et à la pénétration du Soudan, opération d'un horizon encore plus étendu comme source indéfinie de richesses.

Une conséquence d'un autre ordre, mais d'une portée non moins profonde, répond victorieusement à la réflexion qui ne saurait manquer de se présenter, que, devant un accroissement de production aussi considérable, les prix s'abaisseront et que la grandeur des excédants disponibles, telle qu'elle résulte de l'application des prix actuels, s'abaissera en même temps. C'est exact ; ce serait même en soi absolument désirable, si cela pouvait toujours durer. Mais cela ne saurait influer que dans une faible mesure sur la puissance spécifique de l'opération.

Les produits alimentaires entrent dans les besoins généraux de la consommation pour une proportion infiniment plus grande que, par exemple, les produits textiles. Quand on est vêtu, c'est pour longtemps, mais il faut manger tous les jours. L'abaissement de prix de produits alimentaires de premier ordre, comme la datte et le cacao, a un premier effet, celui d'en étendre la consommation à de nouvelles et plus nombreuses couches de consommateurs suivant une loi rapidement croissante, en aidant la vie à bon marché, et un second effet, celui de provoquer l'accroissement de la population par une plus grande facilité de vivre, ce qui ramène à l'élévation du prix.

En somme, la valeur intrinsèque de la datte, qui est le pain de millions d'habitants du Sahara et qui vaut sensiblement, poids pour poids, le prix du pain lui-même, ne saurait par cette raison éprouver de variations d'un autre ordre que celle du blé en nature, laquelle est en moyenne si remarquablement constante depuis des siècles, que ce qu'on a trouvé de mieux pour obvier à la dépréciation de la monnaie, lorsqu'il y a lieu de le faire, est précisément de rapporter les paiements valeur en mesures de blé à l'époque.

Quant au cacao, même avant qu'il ne descende au prix du blé, on prendra du chocolat dans les plus humbles chaumières !

Et maintenant, étant donnée aux confins du Sahara l'existence positive d'importantes colatures pluviales, se perdant actuellement sans aucune utilité et engendrant, en outre, un foyer permanent d'insalubrité locale, mais d'un aménagement facile au prix où il peut être obtenu, nous passons la main à qui serait assez heureux pour découvrir, en dehors de la création d'Oasis, quelque autre moyen capable, à un degré équivalent, de comporter des disponibilités du même ordre de constance pour l'exécution consécutive ou simultanée d'œuvres de la plus haute importance, notamment de la pénétration du Soudan (1), d'exercer au moins temporairement une influence favorable sur le bon marché de la vie, et, d'une manière générale, de contribuer à l'accroissement de la population par l'accroissement correspondant de moyens de subsistance.

(1) Voir l'Appendice.

FIN

APPENDICE

Depuis à peine dix ans, la situation générale dans le continent africain a bien changé, au détriment de la prépondérance que la position depuis longtemps acquise par la France semblait lui devoir assurer. L'origine en est dans les circonstances qui ont amené la réunion du Congrès de Berlin où, sur l'initiative du roi Léopold, qui n'avait rien découvert, le continent a été partagé en zones d'influence entre les parties contractantes. Il n'est que trop exact de dire que la France y a été diplomatiquement roulée...

Son influence pouvait s'étendre naturellement de l'Algérie, du Sénégal et du Gabon aux grands lacs de l'Afrique équatoriale et jusqu'à la ligne de partage du Zambèze, comprenant ainsi, outre le Soudan, le bassin entier du Congo. Il ne nous en reste qu'un cinquième, et encore, séparé du Soudan par la zone devenue allemande de la baie de Cameroun. Dans le Soudan même, l'influence anglaise, dans la zone maritime, tend à remonter le long du Bénoué et il se pourrait qu'un jour ou l'autre le protectorat anglais s'étendît au Soudan entier...

Toutefois, de l'attribution de zones d'influence autour d'un tapis vert, à leur occupation effective il peut y avoir loin. Ce n'est pas à faux frais que de telles occupations se peuvent perpétrer. Il y faut le développement préalable de grands intérêts commerciaux et autres, ce qui suppose une extension déjà grande d'affaires productives, représentant une masse déjà considérable de capitaux engagés, faute de quoi c'est un cercle vicieux. Or, la France est seule en position de rompre ce cercle à son profit, par l'œuvre combinée de la création, chez elle, d'Oasis engendrant les ressources nécessaires pour la pénétration industrielle du Soudan.

Une autre question qui renaît est celle de l'abolition de la traite. Il n'est pas difficile, mais seulement coûteux, d'empêcher par entente diplomatique l'exportation maritime des esclaves, mais on ne peut rien ainsi sur l'esclavage à l'intérieur. L'extinction de l'esclavage africain exige la pénétration de l'Afrique par les chemins de fer. Affaire d'humanité, mais aussi affaire de capital et qui resterait creuse si elle n'était autrement rémunératrice. La pénétration du Soudan en sera le commencement, et cela ne peut rien gâter qu'à raison de sa grande capacité productive, elle serve d'autant plus efficacement la cause de l'humanité.

TABLE DES MATIÈRES

PAGES

Avant-Propos 3

PREMIÈRE PARTIE

APERÇU TECHNIQUE CONCERNANT LA CRÉATION DE GRANDES OASIS SAHARIENNES

PAGES

Question de l'eau 7
Bassin de l'Oued Djedi 8
Bassins de l'Aurès 10
Bassin du Hodna 11
Capacité des réservoirs 12
Forme des réservoirs 15
Cube des terrassements 17
Application au réservoir du Djedi-Biskra 17
Exécution des réservoirs 18
Coût de captation du mètre cube d'eau 23
Utilisation de la captation 24
Débit annuel des puits artésiens 25
Accroissement de l'apport pluvial 26
Nécessité et utilité du reboisement 28

DEUXIÈME PARTIE

DÉCOMPTE APPROXIMATIF DES DÉPENSES D'ÉTABLISSEMENT ET PRODUITS DE L'EXPLOITATION PENDANT UNE PREMIÈRE PÉRIODE DE VINGT ANNÉES

PAGES

Cadre à établir 31
Plantation des palmiers 32
Relation entre le développement de l'exploitation et la population de cultivateurs 33
Race Berbère 36
Fixation des Nomades 37

PAGES

Avancement supposé de l'opération dans une première période de vingt ans.. 38
Établissement du réservoir du Djedi-Biskra pris pour exemple. 39
Consommation d'eau par hectare.................................. 41
Dépense d'établissement des oasis par hectare.................. 42
Marche approximative de l'avancement au cours des vingt premières années.. 43
Exhaussement progressif du réservoir.......................... 44
Influence de l'évaporation à la surface du réservoir.......... 45
Capacité progressive du réservoir.............................. 45
Dépense annuelle d'établissement du réservoir.................. 47
Produit des palmiers.. 48
Chemin de fer annexe.. 51
Décompte approximatif des dépenses annuelles d'établissement et des produits annuels de l'exploitation.................... 56
Conclusions... 59
Appendice... 62

1483-10-88. — VINCENNES. — IMP. ALBERT LÉVY ET FRÈRES, 2, RUE LEJEMPTEL.

www.ingramcontent.com/pod-product-compliance
Ingram Content Group UK Ltd.
Pitfield, Milton Keynes, MK11 3LW, UK
UKHW021145230726
13926UKWH00002B/927

9 782013 627191